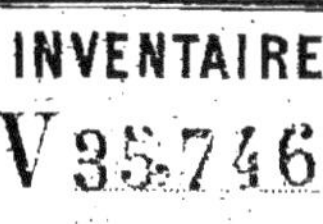

PREMIERS ÉLÉMENTS

DE

L'ASTRONOMIE

ET DE LA

GÉOGRAPHIE,

AVEC

TABLEAU SYNOPTIQUE DU SYSTÈME PLANÉTAIRE;

PAR

C. CROMMELINCK,

DOCTEUR EN MÉDECINE.

On ne peut jamais plus puissamment obliger la République, ni lui rendre un plus grand service, qu'*en instruisant les jeunes gens.* CICÉRON.

PRIX : 3 FRANCS.

BRUXELLES,

IMPRIMERIE DE G. ADRIAENS,

MARCHÉ AUX POULETS, 26.

1863.

PREMIERS ÉLÉMENTS

DE

L'ASTRONOMIE ET DE LA GÉOGRAPHIE.

PREMIERS ÉLÉMENTS

DE

L'ASTRONOMIE

ET DE LA

GÉOGRAPHIE,

AVEC

TABLEAU SYNOPTIQUE DU SYSTÈME PLANÉTAIRE;

PAR

C. CROMMELINCK,

DOCTEUR EN MÉDECINE.

On ne peut jamais plus puissamment obliger la République, ni lui rendre un plus grand service, qu'*en instruisant les jeunes gens*. CICÉRON.

PRIX : 3 FRANCS.

BRUXELLES,

IMPRIMERIE DE G. ADRIAENS,

MARCHÉ AUX POULETS, 26.

1863.

AVANT-PROPOS.

L'auteur de cet opuscule, résolu de quitter la Belgique, a senti le désir de ne pas le faire sans essayer de lui rendre encore un service. Depuis plus de *trente ans* il s'est consacré à seconder les vues du Gouvernement en s'efforçant, dans des écrits, dans des conférences publiques, et dans un établissement de bienfaisance, de mettre l'étude de l'*Art de guérir* à la portée des *gens du monde*, seul moyen efficace pour familiariser les masses avec la *pratique* de l'*hygiène*, et triompher des erreurs et des préjugés populaires qui déciment l'humanité.

C'est spécialement *en simplifiant la méthode d'enseignement*, que l'auteur s'est efforcé d'atteindre son but. Mais, jusqu'à ce jour, il n'a écrit que pour les personnes d'un âge mûr. Se rappelant la belle maxime de l'immortel CICÉRON : « *Qu'on ne peut jamais* » *plus puissamment obliger la République,* » *ni lui rendre un plus grand service, qu'en* » *instruisant les jeunes gens*, » et sachant que pour les jeunes gens la *méthode d'enseignement* présente encore en général des imperfections, l'auteur a voulu faire ses adieux à son pays, en offrant à la jeunesse un petit livre qui, tout en l'instruisant, l'initiât à une *méthode d'enseignement plus simple.*

L'auteur a fait choix de l'ASTRONOMIE, parce qu'il la considère comme la clef de voûte des sciences humaines, comme la science qui possède en elle l'avenir de la société moderne, attendu qu'elle constitue la *base* de la GÉOGRAPHIE, et que celle-ci est le *pivot* sur lequel reposent tout à la fois l'*Histoire des peuples*, l'*Art nautique* et *le Commerce tant intérieur qu'extérieur d'une nation*. C'EST CETTE PENSÉE PROFONDE, SUBLIME, QUI CONDUIT EN CE MOMENT NOTRE AUGUSTE PRINCE ROYAL DANS DES PARAGES LOINTAINS. C'est cette même pensée qui a inspiré le Gouvernement, lorsqu'il a institué des *bourses de voyages* en faveur de jeunes Belges qui iront à l'*étranger*, *et particulièrement dans des pays hors d'Europe, s'initier à la pratique commerciale.*

C'est enfin cette même pensée, et cette fois, en outre, dans un but d'humanité et de moralisation, qui anima le Gouvernement, lorsqu'il créa une section d'*élèves-mousses* à l'*École de réforme de Ruysselede* dans la Flandre Occidentale. Et, cependant, *c'est l'Astronomie qui est la science la moins populaire*, PARCE QUE *la méthode d'enseignement y laisse le plus à désirer.*

Sa profession de *médecin* exclut d'office l'idée que l'auteur se soit livré *exclusivement* à des études longues et approfondies de l'*Astronomie*. Il n'en connaît que ce que nul n'en devrait ignorer; mais ce qu'il en connaît, il n'a su l'apprendre qu'en se livrant à des recherches opiniâtres, *à cause de la manière que cette science est enseignée dans les ouvrages appelés élémentaires.* Tous ces ouvrages, malgré les prétentions contraires des auteurs, sont des *œuvres savantes*, hors de la portée d'un *apprenti*. Ils sont écrits par des hommes éminemment savants, mais c'est précisément cet état relatif qui fera la base du succès que l'auteur espère obtenir, car il n'a eu qu'une chose particulièrement en vue, celle d'épargner aux jeunes élèves les nombreuses difficultés qu'il a eu à vaincre dans les ouvrages qui sont entre leurs mains.

Par ces quelques mots, l'élève pressentira que ce n'est pas la *science* qui est en défaut, mais la *méthode d'enseignement*. A force d'études laborieuses pour acquérir leur immense savoir, les savants astronomes ont oublié comment ils y sont parvenus, et ne comprennent plus le *terre-à-terre de l'apprenti*. Cependant l'auteur s'estime heureux d'avoir l'occasion de leur rendre ici un témoignage public de gratitude, car, bien qu'avec difficulté, il n'en a pas moins puisé à pleines mains dans leurs savants écrits, et c'est avec un légitime orgueil qu'il peut citer, parmi les auteurs les plus remarquables, le nom de deux compatriotes, MM. *Quetelet* et ***Le Hon***, qui ont acquis dans cette science une très-haute renommée.

PREMIERS ÉLÉMENTS

DE L'ASTRONOMIE

ET DE LA GÉOGRAPHIE.

INTRODUCTION

OU

PRÉCEPTES SUR LA MANIÈRE DE S'INSTRUIRE.

L'étude d'une *science* quelconque se compose de deux choses essentielles *(a)* :

1° De la *science vraie* qui fait le sujet de l'étude;

2° De la *méthode d'enseignement* ou de la *manière de s'instruire*.

Nous disons *science vraie*, parce qu'il est dans la nature de l'esprit humain de chercher constamment à dépasser les limites du connu. C'est le plus glorieux apanage de notre intelligence. Mais c'est alors ordinairement qu'on s'abandonne à des théories, à des hypothèses, en un mot, à ce qu'on appelle *science spéculative*.

Aucune *science* n'a donné lieu à plus de *théories spéculatives* que l'*astronomie*.

Nous disons encore *science vraie*, parce que les auteurs glissent fréquemment sur une pente bien autrement dangereuse : ils allongent, ils amplifient leur sujet en enseignant D'ABORD OU SIMULTANÉMENT *tout ce qui n'est point, et tout ce qui n'est plus vrai*, au

(*a*) L'auteur ne saurait assez vivement recommander aux jeunes élèves l'étude de cette *Introduction*.

lieu de n'enseigner simplement *que ce qui est*, *que la vraie vérité*.

Ce procédé a un grave inconvénient pour la jeunesse; outre qu'il surcharge inutilement et *mal à propos* sa mémoire, l'étude devient aride, fastidieuse, et fait naître la confusion dans son esprit; souvent même l'élève finit par ne plus discerner nettement le vrai d'avec le faux. Grand nombre échoue contre cet écueil.

Est-ce à dire que l'élève doit ignorer absolument les *errements* que la science a commis avant d'arriver au vrai, et les *théories spéculatives* qui reculèront peut-être un jour les bornes de la réalité? Loin de nous cette idée. Mais avant d'apprendre à connaître le faux, l'élève doit connaître à fond le vrai et le réel. Ceci dûment acquis, le reste n'est plus qu'un jeu de mémoire agréable.

Cet opuscule traite exclusivement de la *science vraie*.

La *seconde chose essentielle*, avons-nous dit, c'est la *méthode d'enseignement* ou la *manière de s'instruire*.

Nous allons rapporter ici ce que nous écrivîmes en tête d'un ouvrage que nous avons publié en 1841 (*a*). Ce sont des réflexions sur la *méthode d'enseignement*. Nous hésitons d'autant moins à les reproduire ici, que non-seulement il s'agit d'une vérité qui sera *éternellement* la même, mais que ce sont des *préceptes généraux* applicables à toutes les branches d'enseignement.

L'étude d'une science quelconque est *une* et *inva-*

(*a*) *Nouveau Manuel d'*ANATOMIE DESCRIPTIVE ET RAISONNÉE, avec un *atlas* de 34 planches noires, coloriées et découpées. Un fort volume, grand in-8°, texte mignonne, sur deux colonnes, par le docteur CROMMELINCK; d'après une *Méthode nouvelle d'enseignement*. Prix : 25 francs. (Edition entièrement épuisée.) Bruges 1841.

riable; la *méthode* pour parvenir à sa connaissance *doit* l'être également, et *toujours*, elle *doit* être en harmonie avec la manière que l'esprit s'exerce. Or, quel que soit l'objet que l'homme cherche à connaître, il parvient *toujours* à sa connaissance d'*une seule et même manière*. Si un objet est tellement simple et tellement exempt de particularités, que d'*un seul regard* l'homme en puisse embrasser l'ensemble et les détails, il s'en forme aussitôt une idée si exacte, qu'un examen ultérieur deviendrait complétement inutile. Mais dès qu'un objet présente la moindre complication, et à mesure qu'il devient plus compliqué, l'esprit peut rarement l'embrasser d'un seul examen, il tâche d'en acquérir une idée nette et précise par plusieurs examens successifs, et suivant une méthode qui, disons-nous, est toujours la même.

Aucun détail, de quelque nature qu'il soit, n'est d'abord remarqué; ce sont l'ensemble et les grandes dispositions qui viennent d'*abord* frapper l'esprit. On se fait ainsi une idée d'autant plus nette et d'autant plus précise que le premier examen a porté sur un plus petit nombre d'objets bien apparents. Dès qu'on a acquis une idée parfaite de l'ensemble, et qu'on s'est rendu compte de ses divisions principales, celles-ci deviennent à leur tour l'objet d'un examen pareil au premier; *mais ici chaque idée nouvelle se rapporte à l'ensemble comme à la division dont elle émane; chaque idée nouvelle se coordonne avec l'idée acquise auparavant*. Un troisième et un quatrième examen deviennent-ils nécessaires, ils sont faits de la même manière jusqu'à ce que l'on se soit pour ainsi dire identifié avec l'objet qu'on cherche à connaître. On conçoit que le travail de l'esprit devient plus compliqué à mesure que les examens se multiplient et qu'ils portent sur un plus grand nombre de choses de plus en plus petites : ce travail deviendrait inextricable, si chaque détail ne se coordonnait avec l'ensemble, ou n'était une conséquence d'un principe, d'un tout; en un mot, si dans l'étude d'un groupe secondaire on ignorait les dispositions des masses principales.

Pour mieux faire comprendre cette thèse générale, nous en récapitulerons les différentes propositions en les étayant d'exemples.

Afin que l'esprit puisse l'embrasser d'un seul examen, il faut que l'objet soit bien simple : telle serait une boule de neige, un morceau de pain : au premier regard, l'esprit en a acquis une idée parfaite, parce que ces objets sont exempts de toute particularité. Autre chose est, si on lui présente un objet plus compliqué, par exemple, un tableau. Pour s'en faire une idée nette et précise, l'esprit a besoin de se livrer à un examen qui est d'autant plus long que le tableau est plus compliqué et plus grand. Or, si on présentait à quelqu'un un grand tableau figurant une bataille, et qu'après le lui avoir montré pendant quelques instants, on vînt à lui demander son opinion sur une particularité, sur un détail de ce tableau, la position bonne ou mauvaise, par exemple, du bras de l'un des personnages, ou la couleur de son pourpoint, ou la longueur de sa rapière, cet homme serait-il en état de vous répondre? Aucunement; il aura tout au plus reconnu que le tableau représente une bataille. Qu'on lui mette, au contraire, une seconde fois le tableau sous les yeux, il se fera aussitôt une idée du plan de bataille; les ennemis seront reconnus; il aura assigné sa place à chaque corps d'armée. Un troisième et un quatrième examen porteront sur chaque groupe secondaire, et ainsi de suite jusqu'à ce qu'il se soit familiarisé avec toutes les particularités du tableau, soit dans leur individualité, soit en les coordonnant avec l'ensemble comme avec chacune des divisions et des subdivisions du tableau.

Est-il nécessaire de dire, puisque l'esprit s'exerce toujours de la même manière, que, *pour faire acquérir aux autres ses propres idées, il faut suivre l'ordre suivant lequel on les a soi-mêmes acquises ;* il faut retracer les grandes masses avant d'entamer les dispositions secondaires; d'ailleurs l'esprit se souvient des objets qu'il a vus et se les retrace de la même manière qu'ils ont fait impression sur lui. Ainsi, si pendant votre absence, un individu est venu vous demander, et qu'à votre retour vous interrogiez votre domestique pour savoir comment il était fait, votre domestique ne se souviendra que de l'impression qu'il a reçue, et vous répondra qu'il était grand ou petit, gros ou maigre, et qu'il n'en saurait dire davantage, *puisqu'il ne l'a vu qu'une seule fois.* Si, cependant, cette personne revient plusieurs fois, votre domestique vous en retracera à la longue le portrait de façon à la reconnaître à sa première apparition.

Bien des personnes en voulant raconter aux autres ce qu'elles ont vu, négligent ce principe, et ne peuvent à cause de cela parvenir à captiver l'attention de leur auditoire, qui ne saurait ni les comprendre, ni les suivre dans les *détails* d'un sujet dont il ne connaît pas l'ensemble. L'esprit conçoit, crée, imagine de la même manière qu'il voit.

Un *ouvrage* (écrit) est un ensemble composé de parties tellement subordonnées les unes aux autres, que tous les attributs de celles qui précèdent, vont en quelque sorte se ramifier dans ceux des parties qui suivent, et ces dernières ne sont à leur tour qu'une conséquence rigoureuse des premières : la connaissance parfaite des unes peut seule conduire à l'appréciation exacte des autres; en un mot, *il faut que la partie qui en a une autre sous sa dépendance, ait une existence* ANTÉRIEURE *à la sienne.* Un élève ne saurait exercer son esprit sur deux termes d'une comparaison, desquels l'un est absent ou inconnu. Décrire les attributs d'un objet, par exemple, du soleil, en les comparant ou bien en les rapportant à ceux de la terre, de la lune, etc., qu'on ne connaît pas encore, desquelles on n'a jamais entendu parler, c'est un non-sens. L'esprit de l'élève frappe à faux.

Nous avons religieusement évité cette erreur dans tout le cours de cet opuscule. L'esprit de l'élève ne frappera jamais à faux. Pour faire connaître un inconnu, l'auteur n'appelle jamais un autre inconnu à son aide. En décrivant une première fois les attributs d'un objet, il ne parle que des attributs inhérents à cet objet, indépendants de l'existence de tout autre objet, comme si nul autre objet n'existait. En parlant, par exemple, pour la première fois du *soleil*, il ne sera question que du soleil, comme s'il existait seul dans le monde. Mais au second examen, les attributs du soleil seront mis en regard des attributs des autres corps dont nous aurons déjà parlé une première fois, nous en expliquerons la corrélation, etc., etc. Et ainsi nous ferons pour tous les objets successivement.

L'élève se dira peut-être maintenant : Ah ça ! est-ce que l'auteur a voulu plaisanter en nous disant des choses aussi simples? Non vraiment! l'auteur n'a aucunement cessé d'être très-sérieux, et en voici la preuve : Prenez le premier *Traité élémentaire d'astronomie* venu, et voyez si vous le comprenez. Dès les premières lignes, l'auteur y entraîne l'élève à des distances incommensurables *dans un autre monde* que celui que nous habitons, et qu'il croyait qu'on lui allait apprendre à connaître d'abord. Mais l'auteur n'en a pas encore dit un seul mot que déjà il erre à perte de vue, *et sans que l'élève puisse l'y suivre*, au milieu d'une myriade d'*étoiles*. Il se complaît à en décrire la forme, à en calculer la distance fabuleuse, à en dépeindre les couleurs et à en supputer le volume; il les compte d'abord une à une, puis par centaines, puis par milliers, puis par millions, puis..... pendant que l'élève abasourdi, attend impatiemment sur *terre* qu'il plaise au savant de descendre de ces immenses hauteurs pour lui expliquer ce qu'il brûle du désir de connaître, à savoir, le *soleil*, la *terre* et la *lune*.

Et ne croyez pas que les *astronomes* soient seuls coutumiers de cette méthode vicieuse. Prenez une grammaire, l'élève n'a pas encore eu le temps de se familiariser avec une *règle générale*, que déjà on le noie sous une avalanche d'*exceptions*.

Bref, toute personne douée d'une intelligence ordinaire, et ayant reçu une bonne instruction primaire et avant même, sera en état, pour peu qu'elle y mette de l'attention, de comprendre notre opuscule *à première lecture*. Non pas que nous voulions inférer de là que l'intervention du professeur ou de l'enseignement oral soit inutile. Nous croyons tout le contraire. La parole vivifie, la démonstration orale matérialise, et elle frappe bien autrement l'esprit que la lecture.

Comme complément de son plan général, l'auteur a ajouté trois accessoires d'une importance majeure.

Premièrement, il a composé un *tableau* qui représente le *monde* dans son ensemble et dans chacune de ses particularités. L'élève y trouvera la matérialisation de l'universalité des éléments de la science, dans leur individualité aussi bien que dans leurs rapports respectifs. Pour l'élève déjà instruit, un simple coup-d'œil jeté sur ce *tableau synoptique*, ce sera comme s'il avait relu l'opuscule tout entier. C'est une innovation sans précédents dans l'étude de l'*astronomie*.

Secondement, outre la division des matières en

chapitres, chaque paragraphe formant un sujet est numéroté, de façon que toutes les fois que l'auteur doit rappeler le passé et peut craindre un oubli chez l'élève, un chiffre, mis entre parenthèses, indique le paragraphe qui traite du sujet en question.

Troisièmement, chaque fois que l'auteur a dû employer une expression scientifique étrangère à l'*astronomie*, la signification en est mise en note. Ce sera un rappel à la mémoire des uns, un enseignement pour les autres.

L'*utilité* de l'*astronomie* pour les jeunes gens des deux sexes dépasse tellement l'idée qu'ils s'en pourraient faire d'avance, que l'auteur n'ose pas s'y arrêter de crainte d'être taxé d'exagération; il se fie à l'enseignement lui-même pour la faire ressortir. Cependant il n'hésite pas à déclarer dès-à-présent en thèse générale que l'*astronomie* est la science des sciences; elle touche à tous nos intérêts physiques et moraux; aucune science humaine ne peut rivaliser avec elle pour élever l'homme à un plus haut degré de dignité et de puissance. Une simple réflexion suffira pour justifier cette prétention. Supprimez l'*astronomie*, vous supprimerez du même coup la navigation sur les mers lointaines; nous ne saurons plus s'il existe d'autres continents sur le globe terrestre que la minime portion que nous y occupons; nos relations avec les peuples lointains seront anéanties; le grand commerce n'existera plus; l'agriculture sera plongée dans les ténèbres; la famine nous détruira; les sublimes inventions qui naissent de nos besoins et font la gloire de la civilisation moderne, rentreront à l'instant même dans le néant. Jadis, avant d'entreprendre un voyage de cinquante lieues de chez soi, on avait peur, on se sentait disposé à faire son testament. Naviguer vers des contrées lointaines paraissait le comble de l'audace humaine. Pourquoi? Parce qu'on s'aventurait en des lieux inconnus, de l'existence desquels on doutait même. En conséquence, enseigner l'*astronomie* à la jeunesse, c'est la familiariser avec chacun des moindres recoins du globe terrestre; c'est identifier son esprit avec celui des autres habitants de la terre; c'est faire naître le désir de les voir, ou au moins d'entrer en relation avec eux; c'est ne plus compter les distances; c'est, en un mot, jeter les bases du véritable *esprit commercial* dans toutes les classes de la population.

Et, au point de vue *moral*, quelle autre science est aussi capable de nous inspirer la *foi* ou de la raffermir, puisqu'elle nous rapproche le plus de l'ÊTRE SUPRÊME, et en démontre le mieux la grandeur et la sagesse infinie! Quel être pensant dont l'œil pénètre dans les magnificences de la création, saurait nier l'existence de DIEU! Quel homme peut se sentir irréligieux devant les prodiges du *firmament?* Comme il n'est pas de plus grand malheur que de tout rapporter au hasard ou à l'aveugle fatalité, quel respect ne doit pas inspirer la science qui vous conduit malgré vous à un *Etre suprême*, et qui fait naître en votre âme la persuasion que le souffle qui nous anime n'est point semblable à la vile matière de notre corps, vouée à une destruction prochaine et inévitable.

L'*astronomie* est donc l'une des sciences qu'il importe le plus aux hommes d'acquérir. Et s'il est vrai, comme le dit *Fénélon*, et qui oserait en douter, que l'influence morale de la mère sur l'avenir des enfants est toute-puissante, ne doit-on pas former des vœux afin que, dans l'éducation des jeunes personnes, on mette au premier rang des connaissances utiles celle qui contribue le plus à l'élévation de l'âme?

Un mot encore. Afin qu'on ne se figure pas que

l'auteur s'exagère l'importance de cette science, il lui suffira de rappeler *le fait historique* suivant : En 1802, l'illustre Laplace offrit à NAPOLÉON la *Dédicace* de son ouvrage SUR LA MÉCANIQUE CÉLESTE. Le premier Consul, alors au faîte de sa gloire et de sa puissance, lui écrivit : « *Je vous remercie de votre* » *Dédicace, et je désire que les générations futures, en* » *lisant votre ouvrage, n'oublient pas l'estime et l'ami-* » *tié que j'ai portées à son auteur.* » (26 novembre 1802.) Ces nobles paroles n'ont pas besoin de commentaires.

DE L'UNIVERS.

---

1. — Lorsque nous jetons un regard à l'entour de nous, nous voyons une voûte immense, un dôme magnifique, merveilleux, s'étendre à perte de vue au-dessus de notre tête : on l'appelle *firmament*, *ciel* ou *voûte céleste*. Mais cette voûte immense n'est elle-même qu'une partie d'un espace infini, sans bornes, et qui contient d'autres corps que ceux que nous y voyons briller le jour ou la nuit : cet espace infini, avec tout ce qu'il contient, c'est ce qu'on appelle l'*univers*.

L'univers est donc l'ensemble de tout ce qui existe. Il est représenté par notre *tableau synoptique*.

2. — Une innombrable multitude de *corps sphériques*, appelés *astres*, sont répandus dans l'univers.

Chacun de ces astres est un *globe lumineux* suspendu dans l'espace, comme un *ballon* que nous voyons planer dans les airs.

3. — Parmi ces astres, le *soleil* est celui qui arrête tout d'abord nos regards émerveillés. Dès que l'enfant sent venir en lui le désir de connaître ce qui l'environne, le soleil fixe aussitôt son attention. Sa splendeur éblouissante frappe vivement son esprit. C'est son premier étonnement. Outre cela, l'enfant ne tarde pas à avoir la conscience de l'action bienfaisante de cet astre, et il se sent bientôt pénétré

d'une vive admiration pour lui et d'un désir plus vif encore de le connaître. Aussi croyons-nous devoir déclarer immédiatement que son admiration est pleinement justifiée; le *soleil* est la merveille des merveilles, son importance est sans égale à cause de la prodigieuse influence qu'il exerce sur plusieurs astres, et notamment sur celui que nous habitons.

4. — Les astres, abstraction faite du soleil, sont divisés en deux classes : en *planètes* et en *étoiles*. Cette division repose, en partie :

1° Sur leur *dimension respective :* les planètes sont infiniment plus grandes que les étoiles (*a*); leur forme est *sphérique* (terre, lune, etc.), tandis que les étoiles offrent l'aspect de *points brillants ;*

2° Sur leur *mode d'être vis-à-vis du soleil :* toutes les planètes sont sous sa dépendance et se *meuvent*

(*a*) En toutes circonstances, nous décrirons les *phénomènes astronomiques*, conformément aux résultats que donnent les moyens d'investigation que possède la science. C'est ainsi que les planètes vues, soit à l'œil nu, soit à l'aide d'instruments d'optique, nous *paraissent* plus grandes que les étoiles, et, par conséquent, elles *sont* telles pour nous. C'est là un fait positif. Peu doit importer à l'élève la *probabilité* que les étoiles ne nous *paraissent* plus petites que parce qu'elles sont beaucoup plus éloignées de nous que les planètes. C'est le principe de la *réalité* qui nous servira de guide. Cependant, toutes les fois qu'il y aura lieu, nous lui ferons part des *probabilités contraires*. C'est parce que tous les *Traités d'Astronomie* raisonnent constamment et tour-à-tour, sans rime ni raison, tantôt d'après les apparences, tantôt d'après la réalité, ici d'après les probabilités, là d'après les présomptions, qu'il y règne une confusion inextricable pour l'élève : il est constamment à se demander s'il a à faire au vrai ou bien au faux?

autour de lui; il en constitue le centre d'action; les étoiles, au contraire, n'ont rien de commun avec lui et sont fixes;

3° Sur leur *distance du soleil :* les planètes en sont relativement très-rapprochées, tandis que les étoiles en sont à une distance fabuleuse.

5. — L'*ensemble* que forment le *soleil* et les *planètes* (à l'exclusion des *étoiles*), s'appelle *système planétaire* ou *solaire*. Le soleil en forme tout à la fois et l'astre le plus important et le centre d'action.

On donne également au *système planétaire* le nom de *monde;* ainsi lorsqu'en *astronomie* nous disons le *monde, notre monde*, nous entendons parler de *notre système planétaire*. La même observation s'applique au mot *univers*.

6. — La science qui s'occupe spécialement des astres s'appelle *astronomie*.

L'astronomie s'occupe spécialement des caractères généraux de tous les astres, de leurs rapports respectifs et de leur influence réciproque.

Il n'est qu'un seul astre, celui que nous habitons, dont nous connaissions exactement la *topographie* ou *description détaillée de sa surface*. Cet astre, que nous appelons indifféremment *terre* ou *globe terrestre*, est une *planète;* sa description topographique a reçu le nom de *géographie*.

Mais la géographie n'est en réalité qu'un corollaire (*a*), qu'un chapitre de l'astronomie. C'est un

(*a*) Un *corollaire* est une proposition qui est la suite d'une précédente; en mathématiques, corollaire signifie une conséquence tirée d'une proposition mathématique démontrée.

détail momentanément distrait de l'ensemble ; c'est une parcelle détachée de la masse, mais qui ne cesse d'être sous la dépendance de celle-ci et de lui emprunter ses caractères principaux. La terre perd même ses deux principales dénominations, premièrement celle de *monde*, qui, en *astronomie*, s'applique exclusivement à un *système planétaire*, et secondement celle d'*univers* dont nous avons déjà donné la signification (§ 1).

Par ces quelques mots, l'élève comprendra déjà que, faute de connaissances astronomiques préalables, la géographie n'est plus une science, mais une chose dépourvue de sens et de raison d'être. En effet, dès les premières notions qu'on voudra lui donner, par exemple, sur son pays, on lui parlera de *latitude*, de *longitude*, de *saisons*, de *nord*, de *sud*, d'*orient*, d'*occident*, de *vents*, de *pluies ;* on lui parlera d'*années*, de *mois*, de *jours*, etc., etc., toutes dénominations qui n'ont pas de sens pour lui, et dont l'astronomie peut seule lui enseigner la valeur. En d'autres termes, l'astronomie est la règle, la géographie l'application, et toutes deux constituent la clef de voûte de l'*histoire* des peuples. Enseigner la *géographie* et l'*histoire* à des élèves qui n'ont aucune notion d'*astronomie*, c'est leur faire apprendre par cœur des leçons de perroquet.

DU SOLEIL.

CARACTÈRES GÉNÉRAUX.

7. — Le soleil est un globe lumineux et resplendissant *par lui-même;* il n'emprunte à aucun autre astre ni sa lumière ni sa chaleur; il est par lui-même tout ce qu'il est. Pour nous il constitue un immense foyer de lumière et de chaleur, et il en est de même pour toutes les planètes qui font partie de notre système planétaire, lesquelles se meuvent toutes à l'entour de lui.

8. — La lumière du soleil est trois fois plus intense que celle d'un courant électrique; elle traverse l'espace avec une vitesse de *quatre millions de lieues à la minute* (*a*).

9. — Vu au *télescope* (*b*), le soleil n'est pas unifor-

(*a*) Tous les calculs en astronomie sont antérieurs à l'usage pratique du *calcul décimal;* force est donc à l'auteur de respecter les anciennes dénominations, car la réforme à opérer est considérable, et il ne lui appartient pas d'en prendre l'initiative. L'élève saura d'ailleurs facilement faire lui-même les réductions, en sachant que ces calculs sont établis d'après la *lieue commune de France,* laquelle compte *4,444 mètres,* qu'il faut *mille mètres* pour *un kilomètre* et *cinq kilomètres* pour *une lieue* ordinaire actuelle.

(*b*) Le télescope est un instrument d'optique, une espèce de lunettes, appelée *longue vue,* qui *grossit* les objets *éloignés.* (Le microscope *grossit* les objets placés *près de l'œil.*)

mément lumineux; il y apparaît des points obscurs, appelés *taches;* le nombre en varie autant que la forme et la grandeur. Ces taches sont quelquefois suffisamment nombreuses et développées pour faire diminuer l'éclat du soleil. On n'en connaît pas la nature, et, malgré leur influence sur la lumière qui émane du soleil, elles sont sans effet sur la chaleur.

10. — La chaleur ou calorique qui émane du soleil est prodigieuse; il n'est rien sur le globe terrestre qui fût capable de lui résister en y restant continuellement exposé.

11. — Le soleil n'est pas absolument fixe et immobile. Il est constant qu'il tourne sur lui-même, et il exécute ce mouvement de rotation en *vingt-cinq jours et demi*. On a encore reconnu qu'il s'avance dans l'espace; mais dans ce mouvement progressif, appelé *translation*, le soleil entraîne toutes les planètes avec lui, de façon que relativement à celles-ci, le soleil est réellement immobile.

12. — Le soleil est un globe d'un volume immense; il a 314,926 lieues de *diamètre* (*a*); sa *circonférence* mesure près d'*un million de lieues*.

(*a*) On appelle *diamètre* une ligne droite qui va d'un point de la circonférence d'un cercle à un point diamétralement opposé, mais en traversant le centre du cercle. (Voyez au *tableau*, fig. M, la ligne AB.)

DES PLANÈTES.

CARACTÈRES GÉNÉRAUX.

13. — Les planètes (mot grec qui signifie *errer*) sont des globes *opaques* répandus dans l'espace, et qui se meuvent autour du soleil. Pour que nous puissions les apercevoir, il faut qu'elles soient éclairées *par le soleil, ainsi qu'elles le sont en effet.* C'est pour ce motif qu'elles nous apparaissent constamment comme des *globes lumineux.*

14. — C'est *Copernic*, astronome prussien, qui a découvert, au XVIe siècle, que c'étaient les planètes qui tournaient autour du soleil. Cependant, pour avoir émis la même opinion cent ans après lui, *Galilée*, autre célèbre astronome, né à Pise, en Toscane, fut jeté en prison. Plus tard encore, un Belge, *Philippe Laensberg*, de Gand, éprouva le même sort.

15. — Les planètes sont à une inégale distance du soleil. Cette distance varie de *treize millions de lieues* pour celle qui en est la plus rapprochée, à *un milliard de lieues* pour celle qui en est la plus éloignée. (Voir le *tableau.*)

16. — Plus une planète est rapprochée du soleil, plus est intense la chaleur qu'elle en reçoit. Il en est de même de la lumière.

17. — Toutes les planètes diffèrent de volume entre elles.

18. — Les anciens ne connaissaient que *six pla-*

nètes; on les appelait *Mercure*, *Vénus*, la *Terre*, *Mars, Jupiter* et *Saturne.* (Voir le *tableau.*) Ces planètes sont visibles à l'œil nu (*a*). Aussi, dès que les instruments d'optique commencèrent à se perfectionner, on en découvrit plusieurs autres. Vers la fin du dernier siècle, le nombre des nouvelles s'élevait déjà à *cinq*, parmi lesquelles il y en avait quatre petites et une grande. Celle-ci fut appelée *Uranus* ou *Herschel*, les autres *Vesta*, *Junon* ou *Hardeng*, *Cérès* ou *Piazzi*, et *Pallas* ou *Olbers.* Les seconds noms de quelques-unes de ces planètes sont ceux des astronomes qui les découvrirent. On leur donne encore le nom de *Télescopiques,* parce qu'on ne peut les voir qu'à l'aide du télescope.

19. — Au commencement de notre siècle, on en a encore découvert une grande, qu'on appelle *Neptune* (on lui donna d'abord le nom du célèbre astronome français, *Leverrier*, qui l'avait signalée le premier), et six autres très-petites qu'on a nommées *Flore*, *Hébé*, *Iris*, *Astrée*, *Métis* et *Hygie* (*b*).

(*a*) L'élève ne doit pas se figurer qu'on voit aussi aisément toutes ces planètes qu'on peut voir la lune. L'œil doit s'être exercé quelque peu ; il faut de la pratique, comme on dit vulgairement. Cette observation s'applique également à l'usage du télescope. Elle est même de stricte application à toutes les indications de même nature que nous aurons l'occasion de donner.

(*b*) Ces six dernières planètes et les quatre télescopiques commencent à être désignées aujourd'hui sous le nom générique d'*astéroïdes ;* les *huit grandes* ont *seules* conservé le nom de *planètes* (*).

(*) Pour éviter une complication inutile, l'auteur n'a indiqué que les *quatre grandes astéroïdes* sur le *tableau synoptique*. L'élève saura aisément se figurer *six* cercles et *six* petits corps sphériques de plus circulant dans le *même* espace entre *Mars* et *Jupiter*.

20. — Nous venons de dire que toutes les planètes tournent autour du soleil, mais quelques-unes d'entre elles constituent à leur tour un *centre* autour duquel viennent se mouvoir d'autres petites planètes, auxquelles on a donné le nom de *Satellites*. Ainsi, par exemple, la lune est une petite *planète-satellite* qui tourne autour de la terre. Le nombre des satellites n'est pas le même pour chaque planète, et il est des planètes qui n'en ont pas. (Voir le *tableau*.)

21. — Il est enfin une quatrième espèce de planètes qui tournent autour du soleil, mais dans des conditions toutes spéciales. On les appelle *comètes* ou *étoiles à queue*, parce qu'elles laissent après elle une traînée lumineuse en guise de queue. (Voyez le *tableau*.) (*a*)

(*a*) Nous engageons vivement l'élève à bien se familiariser avec le *tableau synoptique;* il doit immédiatement se mettre à l'œuvre et le copier à différentes reprises, jusqu'à ce qu'il sache le faire de mémoire. Il fera chose utile même de lui donner une grandeur double, et d'en pendre un exemplaire au mur de sa chambre à coucher ou de la salle à manger. Ce sera pour lui une distraction et une leçon.

DU MOUVEMENT DES PLANÈTES.

CARACTÈRES GÉNÉRAUX.

22. — Les planètes ne tournent pas autour du soleil comme une bille qui roule sur le billard tantôt dans un sens, tantôt dans un autre. *Leur mouvement est, au contraire, très-régulier, et a lieu dans un sens déterminé et toujours le même.*

23. — Chaque planète exécute deux mouvements différents, l'un de *rotation*, l'autre de *révolution*.

La rotation est un mouvement par lequel chaque planète *tourne sur elle-même autour de son axe* (a).

La révolution est un mouvement de *translation* que chaque planète *exécute autour du soleil.*

24. — Suspendez une petite boule au bout d'un fil. Tordez celui-ci plusieurs fois sur lui-même en tenant la boule immobile. Lâchez ensuite celle-ci en tenant le fil par son extrémité libre. Le fil, en revenant sur lui-même, entraînera la boule dans un mouvement de rotation très-rapide. C'est une image frappante du mouvement de rotation d'une planète sur son axe. La toupie exécute également un mouvement de rotation sur son axe.

(a) On appelle *axe* une ligne droite que l'on suppose traverser un globe de part en part en passant par son centre. (Voyez au *tableau*, fig. A ; *axe de la terre.*)

25. — La fronde représente parfaitement la révolution d'une planète (*a*).

26. — On a reconnu le mouvement de rotation des planètes à l'apparition et à la disparution successives et périodiques des taches qu'elles présentent sur leur surface. C'est ainsi qu'on a reconnu le mouvement de rotation du soleil.

27. — Les astronomes ne s'expliquent pas la cause première du mouvement de rotation des planètes.

28. — Le mouvement de *révolution* d'une planète consiste en un *cercle* qu'elle décrit autour du soleil, et qui est légèrement *ovalaire* ou *elliptique* (*b*).

29. — Chaque planète décrit son cercle à elle et constamment le même, mais toutes se meuvent dans le même sens autour du soleil mais avec une *vitesse inégale*.

30. — On constate aisément le mouvement de révolution d'une planète. Nous savons que les étoiles sont fixes; on en choisit une que l'on connaît bien, et on prend bonne note de son emplacement. Vingt-quatre heures après ou plus tard encore, l'étoile se trouve dans une autre direction. Donc l'*étoile*, ou bien l'*observateur*, a changé de place. La même observation s'applique au soleil. Voici pour mieux en-

(*a*) Nous donnons plus loin la description d'une image encore bien plus caractéristique.

(*b*) *Ovalaire* vient du mot latin *ovum, œuf*, qui représente le type de la forme *ovale*, ou cercle oblong, légèrement allongé. L'*ellipse* est une ligne courbe fermée, qui prend dès-lors le nom d'*ovale*. Mais dans l'immensité de l'espace, la figure *ovalaire* disparaît pour apparaître comme un cercle. Il y en a plusieurs exemples dans le *tableau*

core convaincre l'élève : tâchez de découvrir une des six planètes visibles à l'œil nu (§ 18) ; observez bien sa position, et le lendemain, ou plus tard, voyez si vous la retrouvez encore au même point. Dans ce cas-ci cependant vous vous êtes avancé dans l'espace avec le globe terrestre en même temps que la planète que vous avez observée, mais avec une vitesse inégale ; ceci explique pourquoi la direction de votre point de mire aura changé (*a*).

31. On donne le nom d'*orbite* au cercle que décrit chaque planète. Celui de la *terre* a reçu le nom spécial d'*écliptique*.

32. — Le foyer du soleil ne correspond pas exactement au centre de l'orbite d'une planète, c'est-à-dire que le soleil lui-même n'est pas au centre de l'orbite, de façon qu'une planète n'est pas constamment à une égale distance de cet astre. (Voir le *tableau*).

On appelle *périhélie* le point le plus rapproché de l'*orbite* d'une planète au soleil, *aphélie* le point le plus éloigné.

On appelle *excentricité* la distance entre le foyer du soleil et le centre de l'orbite.

33. — Toutes les planètes se meuvent autour du soleil sur un *plan horizontal* (*b*).

(*a*) Nous confessons volontiers que l'élève ne peut pas encore être à même de faire cette expérience *pratique ;* mais nous sommes persuadé qu'il en saisira parfaitement la portée, ce qui suffit pour le moment. L'auteur n'a donc pas failli à sa méthode.

(*b*) La surface plane d'une eau dormante s'appelle *surface horizontale, plan horizontal*. Deux lignes s'avançant dans la même

L'*axe* d'une planète est constamment *incliné* sur le *plan de son orbite.*

34. — Les planètes exécutent leurs deux mouvements, l'un de rotation, et l'autre de révolution, dans le même sens, lequel est *de droite à gauche.*

35. — Nous avons déjà dit que la vitesse de révolution des planètes n'est pas la même pour chacune d'elles, mais chacune d'elles fait son tour en un temps déterminé et constamment le même. En général, la vitesse est d'autant plus grande, que la planète est plus rapprochée du soleil. Ce mouvement s'accélère un peu lorsqu'elle se rapproche de son périhélie; par contre, il se ralentit à son aphélie.

36. — Le mouvement de révolution est imprimé et dirigé par deux forces contraires, mais également remarquables. L'une est une force d'*attraction* par laquelle chaque planète est attirée par le soleil; l'autre est une force de *projection*, qui les pousse en ligne droite tendant sans cesse à les éloigner de cet astre. Ces forces agissant d'une manière constante et simultanée, le corps qui y est soumis décrit nécessairement un tour de cercle.

direction sans jamais se rencontrer et restant constamment à égale distance l'une de l'autre, s'appellent *lignes parallèles.* (Voir le *tableau,* fig. A.) Les lignes, intitulées équateur, tropique du cancer, et tropique du capricorne, sont des lignes parallèles.

Toute ligne qui est parallèle à la surface de l'eau dormante s'appelle ligne *horizontale.*

Toute surface plane qui est parallèle à la surface de l'eau dormante s'appelle plan *horizontal;* le plateau d'une table, celui d'une plaine, le plancher d'un appartement, constituent chacun un *plan horizontal.*

Plantez un pieu, une canne, au milieu d'une cour. Attachez-y une corde ou une ficelle, mais de façon qu'elle puisse tourner aisément à l'entour. Fixez une boule à l'autre extrémité de la corde. Lancez ensuite de toutes vos forces la boule droit devant vous. Qu'arrivera-t-il? Malgré l'impulsion en ligne droite que la boule aura reçue, dès qu'elle sera sous l'influence de la ligne d'attraction que représente la corde, elle prendra une direction circulaire.

Remplacez mentalement le pieu par le soleil; supposez à celui-ci une puissance d'attraction prodigieuse; au lieu d'une boule figurez-vous une planète; lancez-la dans l'espace en ligne droite; imprimez-lui une force d'impulsion qui rende son mouvement éternel, et par l'effet des deux forces contraires agissant simultanément, la planète prendra aussitôt une direction circulaire, en un mot, vous aurez l'image de la révolution d'une planète autour du soleil (*a*).

(*a*) Voici comment la *physique* (*) explique le phénomène de l'*attraction*.

Tous les corps de la nature s'attirent réciproquement. Ils sont divisés en *deux* grandes classes, en *corps simples* et en *corps composés*. Le soufre, l'or, l'argent, le fer, etc., sont des corps simples, ce qui signifie qu'ils ne contiennent qu'une seule substance. Chacune des moindres parcelles (appelées *molécules* ou *atomes*) de ces corps ne contient qu'une seule et même substance. Divisez le soufre à l'infini, vous ne trouverez que du soufre dans la moindre de ses

(*) La *physique* est la science qui s'occupe spécialement des propriétés matérielles, en quelque sorte apparentes, des corps, et de leur action les uns sur les autres.

37. — En se rendant compte du double mouvement des planètes et de leur précision dans l'exécution, l'élève comprendra que chaque planète a une *position déterminée et constamment la même.* C'est la *direction de son axe* qui détermine la *direction du globe planétaire.*

38. — Bien que les planètes tournent toutes autour du soleil dans le même sens, il doit cependant arriver quelquefois, par suite de leur inégalité de vitesse, et par suite aussi de ce qu'elles sont toutes sur le même plan, que deux d'entre elles se trouvent en même temps sur la même ligne vis-à-vis du soleil, c'est-à-dire qu'une ligne droite partant du centre

divisions; il en sera de même de l'or, de l'argent, etc. La force qui attire les molécules des corps simples les uns vers les autres et les tient ensemble, s'appelle *cohésion.*

Les corps composés contiennent deux ou plusieurs substances de nature différente. Faites dissoudre du sucre dans de l'eau, vous obtiendrez un corps *composé,* dont la moindre quantité contiendra du sucre et de l'eau. La poudre à canon est composée de soufre, de salpêtre et de charbon. La moindre parcelle ou atome de poudre à canon contiendra du soufre, du salpêtre et du charbon. La force qui réunit et tient ensemble ces trois substances pour ne former qu'un seul corps s'appelle *affinité.*

Lorsqu'il s'agit des planètes, cette force s'appelle *attraction*, *force centripète* ou *gravitation.*

Les corps les plus grands attirent les plus petits. Le soleil attire la terre, celle-ci la lune, etc.

De quelque part qu'un corps plus petit cherche à s'éloigner d'un corps plus grand dans la sphère d'attraction duquel il est placé, il y est ramené.

La force de *projection* s'appelle également *force centrifuge* ou *force rectiligne.*

du soleil passerait simultanément, par exemple, par le centre du globe terrestre et par celui de Jupiter. (Voir le *tableau; figure* M, la position du soleil, de la terre *B*, et de Jupiter.) Ce phénomène s'appelle *conjonction;* en d'autres mots, la terre se trouve juste entre le soleil et Jupiter.

Par contre, on appelle *opposition*, lorsque la terre, le soleil et Jupiter se trouvent sur une même ligne droite, le soleil étant au milieu. (Voir même *figure,* Terre *A*.)

C'est la planète qui se rapproche le plus du soleil, soit habituellement, soit en des moments donnés, qui caractérise le phénomène. Ainsi, lorsque Vénus est entre le soleil et la terre, on dit que Vénus est en conjonction, etc.

39. — Les objets qui se trouvent à la surface d'une planète, disons de suite, les habitants du globe terrestre ne s'apperçoivent aucunement de son double mouvement, *parce qu'ils sont sans cesse entraînés eux-mêmes dans le même sens*, et qu'*une sensation résulte constamment d'une sensation contraire*, telle que le froid du chaud, le mouvement du repos, la lumière de l'obscurité, etc., etc. C'est pour le même motif que les aéronautes, qui planent dans l'air, ne s'aperçoivent pas que le globe terrestre tourne sur lui-même, ni qu'il s'avance dans l'espace. A preuve encore, laissez tomber un corps lourd du haut du mât d'un bateau à vapeur en pleine vitesse, ce corps tombera au pied même du mât, bien que pendant le temps qu'il ait employé à descendre, le navire se soit avancé.

DES SATELLITES.

—

CARACTÈRES GÉNÉRAUX.

40. — Ce sont de petites planètes qui tournent autour d'une planète principale, dans les mêmes conditions que celle-ci tourne autour du soleil.

41. — De même que la planète principale subit la double impulsion de la force d'attraction vers le soleil, et de la force de projection qui tend à l'en éloigner, d'où résulte la direction mixte ou circulaire, de même le satellite subit cette double influence et obéit au même résultat vis-à-vis de sa planète. Il résulte même de cet état de choses que le satellite est entraîné dans un mouvement de translation autour du soleil; mais ce mouvement est purement passif, puisqu'il est indissolublement subordonné au mouvement de révolution de la planète.

42. — Les planètes-satellites reçoivent la lumière et la chaleur du soleil dans les mêmes conditions que leur planète.

43. — Les satellites sont en général très-rapprochés de leur planète; leur orbite est constamment plus ou moins *oblique* sur le plan de l'orbite de celle-ci, et il est tantôt légèrement ovalaire, tantôt il forme un cercle parfait (*a*).

(*a*) On appelle *ligne droite* la ligne qui va par le plus court chemin d'un point à un autre. Lorsque cette ligne est censée traverser

44. — Le nombre des satellites diffère presque pour chaque planète. Il en est chez lesquelles on n'en a pas encore découvert. Les planètes à satellites sont la Terre, qui en a un, lequel a reçu un nom spécial (*lune*); Jupiter, quatre; Saturne, sept; Uranus, six; et Neptune, un.

l'espace, d'aller par monts et par vaux comme on dit, on l'appelle *ligne à vol d'oiseau*.

Prenez un fil à l'un des deux bouts duquel vous attachez une petite balle de plomb. Tenez l'extrémité libre en main, et laissez aller le plomb. Il se dirigera vers la terre. Observez alors la direction du fil, il va en sens inverse du plan horizontal sur lequel vous vous trouvez : la ligne que suit le fil s'appelle *verticale ou perpendiculaire*. La ligne verticale est donc une ligne qui tombe droit (d'*aplomb*) sur un plan horizontal. (Voir le *tableau;* fig. A. L'axe de la terre coupe verticalement les lignes intitulées tropique, équateur.)

Toute ligne droite qui dévie de la ligne verticale pour aller rejoindre une ligne horizontale, est appelée *ligne oblique*. (Voir le *tableau*, fig. M, les lignes intitulées axe céleste et axe du zodiaque; la seconde coupe *obliquement* la première.)

DES COMÈTES.

CARACTÈRES GÉNÉRAUX.

45. — Les comètes sont de petites planètes d'une structure et d'une forme qui ne ressemblent en rien à celles des autres planètes. On ne peut les comparer qu'à elles-mêmes, tant elles offrent de bizarrerie dans leur mode d'être. Aussi, au lieu de chercher à les définir, doit-on se borner à en décrire les principaux caractères.

46. — Le corps des comètes présente une *diaphanéité* extraordinaire, lorsqu'elles passent entre le soleil et un autre astre, elles ne projettent aucune ombre sur celui-ci (*a*).

(*a*) Il est des corps qui se laissent traverser par la lumière sans en arrêter le cours ni exercer aucune action sur elle. La lumière passe à travers, ou bien on la voit à travers, comme si ces corps n'existaient pas. On appelle ce phénomène *diaphanéité* pour le distinguer de la *transparence* qui est une autre propriété qu'ont certains corps de se laisser traverser par la lumière, mais non sans exercer une certaine influence sur elle, et particulièrement celle de diminuer son éclat. Le verre blanc est diaphane ; le papier huilé transparent (*).

(*) Tous les corps de la nature se présentent sous trois états ou modes d'être différents : ils sont ou *solides*, ou *liquides* ou *gazeux*. Quelques-uns peuvent tour-à-tour les prendre tous trois, par exemple l'eau. La *glace*, c'est l'eau à l'état *solide ;* la *pluie*, c'est l'eau à l'état *liquide ;* la *vapeur* de l'eau bouillante, c'est l'eau à l'état *gazeux*.

Un corps gazeux entoure le globe terrestre. Ce corps gazeux et parfaitement *diaphane* s'appelle *air atmosphérique ;* il forme une espèce de couche qui enveloppe de toutes parts la surface de la terre jusqu'à seize lieues de hauteur et qui a reçu le nom d'*atmosphère*.

47. — Le corps des comètes est enveloppé d'une espèce de chevelure brillante, d'où elles ont reçu le nom même de comète (du mot grec *komè*, qui signifie chevelure).

48. — L'orbite des comètes est très-irrégulier et en général très-allongé. Elles le parcourent avec une rapidité prodigieuse, en laissant après elles une traînée lumineuse qui leur a valu le surnom d'*étoiles à queue* (voir le *tableau*).

Leur périhélie est très-rapproché du soleil; les comètes se noient en quelque sorte dans ses rayons. Leur aphélie, au contraire, est pour la plupart d'entre elles d'un éloignement qui dépasse nos moyens de calcul. Notre imagination n'y saurait même suppléer, car il en est qui emploient des siècles à revenir en vue de notre planète, bien qu'elles voyagent à raison d'un million de lieues à l'heure!

49. — Le nombre des comètes est considérable; il s'en découvre encore tous les jours. L'évaluation approximative s'élève déjà à plus de six cents.

50. — Aucune comète n'a jamais paru avoir la moindre influence sur les planètes de notre système planétaire, bien que quelques-unes aient passé très-près de certaines d'entre elles.

51. — Les comètes ont fourni jadis vaste matière à l'ignorance et aux préjugés.

La concordance fortuite de l'apparition de quelques-unes avec des calamités publiques, fut longtemps exploitée au détriment du bon sens des peuples. Quantité de charlatans en profitèrent pour en imposer à la crédulité publique. Mais l'astronomie a eu enfin raison de ces fables dangereuses — et ce n'est pas l'un des moindres bienfaits dont l'humanité lui est redevable, — en démontrant que les comètes obéissent à ses calculs, c'est-à-dire qu'elles sont soumises à des lois fixes, dont l'astronomie calcule d'*avance* les effets, ce qui lui permet, par conséquent, de prédire et de fixer l'heure du retour des comètes à une minute près. Il devient dès-lors aisé de comprendre que l'apparition imprévue d'une comète n'est plus qu'une erreur ou bien une insuffisance dans nos moyens de calcul, erreur ou insuffisance dont il est facile de se rendre compte, en présence de l'immense parcours que fournissent ces astres, et de la prodigieuse vitesse qu'ils y mettent. Il en est cependant déjà 146 dont l'orbite a pu être déterminé.

DES ÉTOILES.

CARACTÈRES GÉNÉRAUX.

52. — Les étoiles sont des *astres lumineux par eux-mêmes comme le soleil*. Leur distance de la terre est prodigieuse; la plus rapprochée en est encore à *sept trillions de lieues* (*a*). C'est pour ce motif qu'on n'est pas encore parvenu jusqu'ici à en déterminer la forme. Vues à l'aide du meilleur télescope, celui d'*Herschel*, lequel grossit les objets plusieurs milliers de fois, les étoiles n'apparaissent encore que comme des points brillants, fixes et immobiles dans la voûte céleste.

53. — Les astronomes sont généralement portés à croire que chaque étoile est un *soleil pareil au nôtre*, lequel constitue également un *monde* ou *centre d'un système planétaire*.

54. — Pour donner une idée, encore bien faible cependant, de la grandeur infinie de la création, il suffira de dire que si l'*étoile* la plus rapprochée de nous avait seulement une étendue apparente d'une seconde, son diamètre aurait trente-cinq millions de lieues, et sa circonférence près de cent millions.

(*a*) *Un trillion* fait *mille milliards*, soit une unité suivie de douze zéros (1,000,000,000,000). Nous savons que la planète la plus éloignée du soleil ne l'est guère que d'*un milliard* de lieues, et d'un peu moins de la terre.

55. — Nous avons déjà dit que la lumière fait *quatre millions de lieues à la minute*, et, malgré cette vitesse fabuleuse, elle doit cependant mettre *trois ans* à venir de l'étoile la plus rapprochée jusqu'à nous. Et autant les étoiles sont éloignées de la terre, autant et beaucoup plus même le sont-elles les unes des autres, car les astronomes en ont découvert dont la lumière met *dix ans* à parvenir jusqu'à nous. N'y a-t-il pas là de quoi confondre l'imagination la plus hardie!

56. — Le nombre des étoiles est tout simplement incalculable. Un célèbre astronome, armé d'un puissant télescope, a eu la constance d'en compter le plus qu'il a pu, et il est arrivé à un chiffre de *trente-cinq millions* dans un espace fort limité! Mais à mesure que les télescopes se perfectionnent et acquièrent plus de puissance, à mesure aussi on voit apparaître des étoiles qu'on n'avait pas encore aperçues. A l'œil nu, cependant, le nombre des étoiles visibles de la surface entière du globe terrestre ne dépasse guère deux mille quatre cents.

57. — En résumant tout ce que nous avons dit jusqu'ici sur les astres, sous le double rapport de leur position respective et de leurs évolutions dans l'espace, et en nous plaçant au centre du soleil, nous nous verrions entouré de toutes parts (circulairement), mais à une distance prodigieuse, de l'immense voûte céleste, parsemée d'une innombrable multitude d'étoiles. Mais entre ce dôme merveilleux et le soleil, nous verrions circuler à l'entour de nous, sur le même plan, mais à des distances inégales et

relativement très-rapprochées, les astres que nous avons désignés sous le nom de planètes, les unes isolément, les autres accompagnées de leurs satellites, et de temps en temps nous verrions ce même espace rapidement traversé par une comète. Nous nous sentirions enfin nous-même (soleil) parcourir circulairement l'espace, mais en entraînant avec nous les planètes avec leurs satellites, et en restant constamment à la même distance du firmament.

58. — Lorsqu'à l'idée de cette grandeur infinie et de ces distances qui confondent notre imagination, nous joignons celle de l'harmonie imperturbable qui règne depuis tant de siècles au milieu de cette innombrable multitude d'astres, on se sent, malgré soi, pénétré d'une profonde admiration, la conscience se refuse à attribuer au hasard l'origine et la direction de toutes ces merveilles et on se prosterne devant l'ÊTRE SUPRÊME ! (*a*)

(*a*) *Voltaire* disait : « Il est aussi ridicule de ne pas reconnaître la » main de DIEU dans les œuvres de la *création*, qu'il serait imper- » tinent de ne pas reconnaître la main d'un mécanicien dans l'agen- » cement d'une montre. »

DES PLANÈTES EN PARTICULIER.

—

DU GLOBE TERRESTRE.

59. — Le globe terrestre est la *planète* qu'il nous importe le plus de connaître; c'est aussi celle que nous connaissons le mieux, et par laquelle nous commencerons l'étude des planètes en particulier, bien que d'autres soient plus rapprochées du soleil qu'elle, ou bien l'emportent par leur volume ainsi que par le nombre de leurs satellites.

60. — Comparativement aux autres planètes, la terre est l'une des plus petites planètes de notre système (*a*).

61. — Le diamètre du globe terrestre n'a que 2,865 lieues, et sa circonférence entière ne compte que 9,000 lieues.

Le diamètre de la terre est donc 112 fois plus petit que celui du soleil, et son volume est 1,385,000 de fois moins considérable (§ 12).

La surface du globe terrestre mesure 32,000,000 de lieues carrées, dont les trois-quarts sont couverts d'eaux.

(*a*) *Terre* et globe *terrestre* sont deux dénominations parfaitement *synonymes*, puisqu'elles se rapportent à un seul et même objet, mais il y a des nuances d'expression qui les font parfois préférer l'une à l'autre.

On voit aisément par ces chiffres que, comparativement à des millions d'autres corps célestes et au petit espace qu'elle occupe dans l'univers, la terre n'y est qu'un atome presque imperceptible.

62. — En suivant l'ordre de distance des planètes au soleil, la terre vient en troisième ligne. Son éloignement de cet astre est de 34,000,000 de lieues. Mercure et Vénus en sont plus rapprochés qu'elle.

63. — Les planètes qui sont plus rapprochées du soleil que la terre, s'appellent *planètes inférieures*, celles qui en sont plus éloignées, *planètes supérieures*.

64. — Lorsqu'on mesure la distance qui sépare une autre planète de la *terre*, on appelle *périgée* son point le plus rapproché, et *apogée* son point le plus éloigné.

Des divisions du globe terrestre.

65. — Pour faciliter l'étude du globe terrestre, et afin de pouvoir se guider sur sa surface, les astronomes y ont tracé mentalement différentes lignes qui la partagent en tous sens, et y forment des divisions fort régulières et facilitant singulièrement les recherches.

66. — Ne perdons pas de vue que le globe terrestre a une *position déterminée et constante*. Imaginons une première ligne droite qui le traverse de part en part en passant par son centre; on l'appelle *axe terrestre* ou *axe de la terre*. (Voir le *tableau*; et suivez-y

toutes les indications sur les *figures* A. B. C. D. E. F. G. et H, jusqu'à la fin de ce chapitre.)

67. — L'axe de la terre prend à chacune de ses extrémités le nom de *pôle*.

68. — Chaque pôle est légèrement applati, d'où il résulte que le globe terrestre n'est pas exactement sphérique, et ressemble assez bien à une orange. Cet applatissement est cependant peu sensible, car il ne raccourcit la distance d'un pôle à l'autre que de neuf lieues et demie.

69. — Traçons maintenant une seconde ligne, mais en faisant le tour du globe terrestre en sens opposé de la direction de son axe, et de façon à le couper en deux moitiés égales. Cette ligne circonscrira nécessairement le globe terrestre par le centre de sa surface; on l'appelle *équateur*, *ligne équatoriale* ou *ligne équinoxiale*.

70. — L'équateur divise le globe terrestre en deux moitiés égales; chacune d'elles prend le nom d'*hémisphère*.

71. — Si on se figure un globe terrestre placé devant soi, *la position du globe terrestre ne variant au point*, l'un des deux pôles sera nécessairement *au-dessus de l'équateur*, et l'autre *au-dessous*, sans que cette situation relative change jamais. On a désigné le premier sous le nom de *pôle nord*, *pôle septentrional* ou *pôle boréal*, et le second sous celui de *pôle sud*, *pôle méridional* ou *pôle austral*. On dit encore, en allant de l'équateur vers le pôle nord, aller vers *le nord de la terre;* ou bien aller vers *le sud*, lorsqu'on va de l'équateur vers le pôle sud.

Supposons-nous maintenant au centre de l'axe terrestre, nous aurons le nord au-dessus de notre tête, et le sud à nos pieds. Mais si nous poussions à droite et à gauche une ligne droite, celle-ci finirait par rencontrer également la surface du globe terrestre et nous aurions de chaque côté un nouveau point fixe ou de *repère* (a). C'est ce qui est en effet, et on a désigné l'un, *à droite*, sous le nom d'*Est*, *Orient* ou *Levant*, et l'autre, *à gauche*, sous le nom d'*Ouest*, *Occident* ou *Couchant*.

Ces quatre points du globe terrestre — *Nord*, *Sud*, *Est* et *Ouest* — ont été appelés *points cardinaux*, parce qu'ils désignent un point important, fixe et invariable, et qu'ils impliquent en même temps chacun un *mode d'être particulier*, *fondamental* de notre planète. Ainsi, le *Nord* est synonyme de *froid*, et le *Sud* de *chaleur*; *Est* signifie *lever du soleil*, et *Ouest* son *coucher*.

72. — L'hémisphère qui s'étend de l'équateur au pôle nord s'appelle *hémisphère boréal* ou *hémisphère septentrional*, et l'autre, *hémisphère austral* ou *méridional*.

73. — Traçons une troisième ligne, circulaire comme l'équateur, mais allant en sens inverse, c'est-à-dire perpendiculairement à lui, et *passant par les deux pôles*. Cette ligne coupe également le globe terrestre en deux moitiés latérales, mais en sens opposé de l'équateur; on l'appelle *méridien*. L'une de ces moitiés du globe terrestre est à l'*est* du *méri-*

(a) Repère ou *marque* pour reconnaître un alignement.

dien, et l'autre à l'*ouest;* celle-ci s'appelle *occidentale*, celle-là *orientale*. (C'est la ligne qui trace la circonférence de chacune des huit sphères du *tableau*.)

74. — On a ensuite divisé chaque hémisphère, en allant de l'équateur respectivement à chaque pôle, par d'autres lignes circulaires parallèles à l'équateur, et appelées *cercles parallèles*. Les deux principaux cercles en allant de l'équateur au pôle nord, s'appellent, le premier, *tropique du cancer,* et le second, *cercle polaire arctique*. Dans l'autre hémisphère, en allant de l'équateur au pôle sud, le premier cercle s'appelle *tropique du capricorne*, et le second, *cercle polaire antarctique*.

Les deux lignes tropicales sont respectivement à la même distance de l'équateur, que les cercles polaires le sont de leur pôle respectif.

75. — Pour mesurer les distances sur le globe terrestre, on a divisé l'*équateur* et le *méridien* chacun en 360 parties égales. Chacune de ces 360 parties s'appelle *degré terrestre*.

On a l'habitude de diviser le *méridien* en *quatre quarts de cercle*, ayant chacun, par conséquent, 90 *degrés terrestres*. On marque chaque quart de cercle en allant de l'équateur au pôle, soit *o* à l'équateur, et 90 à chaque pôle. L'équateur, au contraire, se divise en deux moitiés égales, et on marque 180 degrés sur chacune.

76. — Le *degré terrestre* équivaut à *vingt-cinq lieues,* soit 9,000 pour la circonférence entière de l'équateur, ou pour celle du méridien, à la diffé-

rence près pour celui-ci résultant de l'applatissement des pôles.

Le degré terrestre est subdivisé en 60 *minutes*, la minute en 60 *secondes*, et la seconde en *tiers de seconde*. On les marque par abréviation d'une façon particulière : le *degré* se marque par un *o*; la *minute* par un accent aigu ′; et la *seconde* par deux ″. Ainsi, la formule suivante : 12° 6′ 4″, signifie 12 *degrés*, 6 *minutes* et 4 *secondes*.

77. — L'élève se gardera bien de confondre les *divisions terrestres* avec les *divisions horaires d'une montre*. Dans une montre les divisions indiquent la *durée* ou *laps de temps qui s'est écoulé*. Sur le globe terrestre, au contraire, les divisions indiquent la *distance*. Ainsi, d'un degré à un autre degré sur le globe terrestre, il y a une distance de 25 lieues. Lorsqu'on dit, par exemple, que Bruxelles est à 50 degrés de l'équateur, c'est comme si l'on disait que cette ville en est éloignée de 1250 lieues.

Un degré représentant une distance de 25 lieues, *une minute*, qui en est la 60e partie, représente la 60e partie de 25 lieues. Supposons pour la régularité du calcul qu'*une lieue* ait *cinq kilomètres*, une *minute terrestre* aura *deux kilomètres et* 1/12e *de kilomètre*.

78. — Quelques astronomes ont divisé le méridien en 400 parties, appelées *grades*. Un grade fait 100 *minutes* et une minute 100 *secondes*. On représente le *grade* par *g*, et la minute et la seconde comme dans l'autre système.

Le premier système est le plus généralement suivi usqu'ici.

79. — Pour les mêmes raisons, c'est-à-dire afin de faciliter l'étude et se savoir guider dans ces immenses espaces, on a tracé sur l'orbite de la terre et sur la voûte céleste les mêmes divisions que sur le globe terrestre. Toutes ces divisions sont parallèles à celles du globe terrestre, d'où il résulte qu'elles paraissent n'en être que le prolongement; aussi leur a-t-on donné les mêmes dénominations, à savoir celles de : *axe céleste*, *pôle céleste*, *pôle du monde*, *équateur céleste*, *méridien céleste*, *équateur du monde*, *axe de l'écliptique*, *équateur de l'écliptique*, etc., etc.

Non-seulement on les a désignées par les mêmes noms, mais on leur a appliqué le même nombre de divisions et de subdivisions de distance. Ainsi le méridien céleste, de même que l'orbite de la terre, sont divisés en 360 degrés. Mais ici un degré ne représente pas 25 lieues, mais un nombre de lieues relatif à la distance. Un degré de l'écliptique, par exemple, mesure un peu plus d'un demi-million de lieues.

80. — Lorsque nous sommes en pleine campagne ou bien sur le pont d'un navire, en pleine mer, si nous jetons un regard vers la voûte céleste, nous traçons mentalement à l'entour de nous, à notre insu, presque malgré nous, un *cercle* qui limite notre vue, et qui sépare la partie du ciel qui est visible pour nous de celle qui reste invisible. Ce cercle s'appelle *horizon*. Pour l'observateur, cette ligne est *son horizon*. (Voir fig. H.)

Le point le plus élevé de notre horizon, en d'autres termes, le point qui est perpendiculairement au-dessus de notre tête, s'appelle *zénith;* le point diamétralement opposé, et qui est sous nos pieds, a reçu le nom de *nadir*.

81. — On appelle *antipodes* les habitants de la terre placés à deux points de sa surface diamétralement opposés l'un à l'autre : le pôle nord est l'antipode du pôle sud; l'est est l'antipode de l'ouest.

82. — L'élève ne peut pas se borner à étudier les divisions du globe terrestre sur le *tableau synoptique*. Si bien faits et si exacts que puissent être des dessins, cela ne suffit pas pour donner une idée nette d'un objet. *Il doit matérialiser ces images*. Il se fabriquera donc un petit globe terrestre. Voici un procédé bien simple : prenez une boule de bois blanc d'un jeu de quilles, grosse à peu près comme le poing. Traversez-la de part en part d'une aiguille à tricoter, en passant par le centre de la boule; ou bien, enfoncez dans cette direction et à deux points de sa surface diamétralement opposés, deux pointes de Paris, dont chaque extrémité se rencontre (réellement ou fictivement) au centre de la boule. L'aiguille représentera l'axe terrestre, et chacune de ses deux extrémités un pôle. Faites en sorte que chaque extrémité de l'aiguille, ou bien chaque pointe de Paris s'élève de deux centimètres au-dessus de la surface de la boule. Faites une marque à l'une des deux extrémités : ce sera le pôle nord, l'autre le pôle sud.

Tracez ensuite à l'encre, en vous guidant d'après le *tableau synoptique :* 1° l'équateur; 2° le méridien;

3° les différents cercles parallèles dans chaque hémisphère. En marquant ensuite les degrés sur le méridien, et l'emplacement de Paris et de Bruxelles, vous rendrez l'image encore plus sensible. Vous la rendriez parfaite pour l'usage que nous en ferons plus tard, en y traçant les figures qui représentent les cinq grandes divisions du globe terrestre pour ce qui concerne ses habitants.

En l'absence de tout l'attirail qui précède, prenez une orange ou une pomme; indiquez-y les pôles en y enfonçant deux grosses épingles ; marquez ensuite le méridien et l'équateur au moyen de petites épingles que vous enfoncez jusqu'à la tête, de façon à faire deux lignes circulaires de têtes d'épingle. Rien ne doit vous empêcher de marquer de la même manière les autres cercles parallèles et d'indiquer Paris et Bruxelles sur le méridien.

DE MERCURE, DE VÉNUS, DE MARS, DE JUPITER, DE SATURNE, D'URANUS ET DE NEPTUNE,

ET DES PRINCIPALES ASTÉROÏDES.

83. — Pour un élève, l'importance relative de ces planètes est très-bornée; c'est ce qui engage l'auteur à les réunir en un seul chapitre, et à résumer leurs principaux caractères en un tableau synoptique, suivi de quelques observations concernant les plus importantes parmi elles.

Chaque planète avait anciennement un signe distinctif.

NOMS.	Signes.	Distances moyennes du soleil.	Diamètre en lieues.	Volume eu égard à la Terre	Durée de la Rotation	Durée de la Révolution.
Mercure	☿	13,304,000	1,140	1/16e	24 h.	3 mois.
Vénus	♀	24,860,236	2,794	9/10e	23 1/2 h.	7 1/2 mois.
La Terre	♁	34,369,072	2,865	1	24 h.	1 an.
Mars	♂	52,367,890	1,481	1/7e	24 1/2 h.	1 a. 10 1/2 m.
Vesta	⚶	81,557,800	inconnu	inconnu	inconnu	3 ans 8 m.
Junon	⚵	91,662,300	id.	id.	id.	4 ans 4 m.
Cérès	⚳	95,099,200	id.	id.	id.	4 ans 7 m.
Pallas	⚴	95,135,585	id.	id.	id.	4 ans 7 m.
Jupiter	♃	178,814,598	31,118	1,281	10 h.	11 a. 10 m.
Saturne	♄	327,839,226	28,602	995	10 1/2 h.	29 a. 4 m.
Uranus	♅	659,280,941	12,715	71	inconnu	83 a. 10 m.
Neptune		1,000,000,000	inconnu	inconnu	id.	166 ans.

84. — *Mercure* est rarement visible à l'œil nu. Dans les soirées de printemps, et avant l'aurore en automne, il apparaît dans le voisinage du soleil comme une étoile brillant d'une lumière blanche très-intense.

85. — *Vénus* nous est connue pendant les six premiers mois de l'année sous le nom d'*étoile du soir*, et pendant les six autres mois sous celui d'*étoile du matin*. Elle se distingue à l'œil nu même en plein jour. Lorsqu'elle est entre la terre et le soleil *(conjonction)*, nous voyons une tache noire sur la surface du soleil.

86. — *Mars* apparaît comme une belle étoile variant constamment de place.

87. — *Jupiter* est la plus grande des planètes; il brille presque autant que Vénus. On distingue de nombreuses taches sur sa surface.

88. — *Saturne* est très-remarquable en ce qu'il est entouré d'un anneau obscur qui a environ dix mille lieues de largeur et en est éloigné de près de sept mille. Il projette son ombre sur la surface de Saturne, et tourne sur son axe, mais moins rapidement que la planète elle-même.

89. — Les *six astéroïdes*, découvertes au commencement de ce siècle, n'offrent rien de remarquable. Les quatre grandes, *Vesta*, *Junon*, *Cérès* et *Pallas*, sont même déjà excessivement petites; elles offrent à peine 30,000 lieues carrées de surface, ce qui représente à peu près la superficie de la France. Les quatre grandes sont à peu près à égale distance du soleil, ce qui a fait supposer aux astronomes que

c'étaient des fragments d'une planète qui s'est brisée. Leurs orbites sont extrêmement inclinés, excentriques, et s'entrelacent entre eux comme les anneaux d'une chaîne.

Toutes les astéroïdes indistinctement circulent dans l'espace compris entre Mars et Jupiter.

DES SATELLITES EN PARTICULIER.

DE LA LUNE.

90. — La lune est le satellite de la terre.

91. — La lune est la plus grande *planète-satellite* de notre système planétaire. Il est inutile de rappeler que c'est un globe opaque qui reçoit sa lumière du soleil.

92. — Le diamètre de la lune mesure 782 lieues, et sa circonférence 2,500 ; par conséquent, le volume de la lune est 49 fois plus petit que celui du globe terrestre, et sa surface 14 fois moins étendue.

93. — L'orbite que la lune décrit autour de la terre est très-rapproché de celle-ci ; sa distance, en effet, n'est que de 85,000 lieues. Cette distance est déjà si peu de chose pour nos télescopes, qu'on a su faire une description topographique de sa surface, sous le nom de *carte géographique de la lune*. Cependant en fait de détails, il n'est encore question dans cette carte que de montagnes et de mers, et nullement d'habitants.

94. — Comme toutes les planètes, la lune exécute un double mouvement, l'un de rotation sur son axe, l'autre de révolution autour du globe terrestre. En outre, comme la terre l'entraîne avec elle dans le parcours de l'écliptique, la *lune* subit un mouvement

de translation autour du soleil, mais ce mouvement est purement passif.

DES SATELLITES DES AUTRES PLANÈTES.

95. — *Jupiter* a *quatre* satellites; le premier en est à peu près à la même distance que la lune l'est de la terre. Les trois autres s'en éloignent proportionnellement, de manière que le 4e en est quatre fois plus éloigné que le 1er. (Voir le *tableau.*)

96. — *Saturne* a *sept* satellites, dont six se meuvent parallèlement à son équateur, et le septième parallèlement à son orbite.

97. — *Uranus* a *six* satellites, mais ce qu'ils offrent de très-remarquable, c'est qu'ils tournent en sens inverse des autres planètes, c'est-à-dire d'orient en occident.

98. — *Neptune* a *un* satellite.

99. — Lorsque le satellite se trouve entre le soleil et sa planète, on le dit en *conjonction;* lorsqu'au contraire, c'est la planète qui est entre lui et le soleil, on le dit en *opposition.*

DES ÉTOILES EN PARTICULIER.

---

100. — On distingue les *étoiles* en *brillantes* et en *nébuleuses*. On les a ensuite divisées en *douze* différentes classes d'après leur grandeur respective. Ainsi on dit *étoile* de 1re, de 2e, de 3e, de 4e, de 5e *grandeur*, etc. De la première à la cinquième grandeur les étoiles sont visibles à l'œil nu, les autres seulement au moyen du télescope.

On ne compte qu'une vingtaine d'étoiles de première grandeur.

101. — Nous savons qu'à l'œil nu, nous ne voyons de la surface terrestre entière qu'environ 2,400 étoiles, mais qu'au moyen du télescope on les compte par millions, et il en apparaît tous les jours d'autres à mesure que le télescope se perfectionne, de façon qu'il est plus exact de dire que leur nombre est incalculable. Les astronomes sont néanmoins parvenus à s'orienter exactement au milieu de cette prodigieuse multitude d'*étoiles*, malgré l'énorme distance où elles sont de la terre, et malgré leur distance respective plus grande encore. Ils les ont divisées en 108 *groupes*, appelés *constellations*. *Quarante-huit* de ces constellations étaient déjà connues par les anciens. Chacune d'elles a été désignée par un numéro

d'ordre, mais les principales ont reçu un nom particulier (*a*).

102. — Les astronomes ont ensuite distingué la *voie lactée* ou *chemin de St-Jacques*, espèce de vaste ceinture, qu'on voit à l'orient au milieu du ciel, où elle produit une teinte blanchâtre, une espèce de nuée. La voie lactée est formée par une réunion incalculable d'étoiles brillantes et nébuleuses. (Voir le *tableau*.)

103. — Parmi d'autres particularités remarquables au milieu du ciel étoilé vient maintenant en première ligne le *zodiaque;* mais vu son importance extrême, le chapitre suivant lui sera exclusivement consacré.

DU ZODIAQUE.

104. — Il existe dans le firmament une *ceinture étoilée* bien autrement remarquable que la *voie lactée;* on l'appelle *zodiaque*. (Voir le *tableau*.)

Le zodiaque forme une large bande circulaire, résultant d'une multitude prodigieuse d'étoiles de toutes grandeurs. Il fait le tour entier de la voûte céleste. Sa largeur est immense; il ne mesure pas moins de 18 degrés célestes. Si l'élève se rappelle que l'orbite de la terre n'est qu'à 34,000,000 de lieues en moyenne du soleil, et qu'un degré de son orbite

(*a*) Pour ne pas surcharger la mémoire de l'élève de noms inutiles en ce moment, l'auteur a placé cette nomenclature dans l'un des derniers chapitres, spécialement consacré à quelques détails approfondis concernant les étoiles.

compte déjà près d'un demi million de lieues, il se fera facilement une idée de l'immense largeur que doivent avoir 18 degrés de la voûte céleste.

105. — Le cercle zodiacal est légèrement elliptique comme l'orbite de la terre; il n'est pas parfaitement parallèle à celui-ci; il lui est, au contraire, légèrement oblique, de manière que l'une de ses moitiés correspond à l'hémisphère boréal de la terre, et l'autre à l'hémisphère austral.

Mais l'élève est déjà prévenu que dans l'immensité de l'espace, les lignes elliptiques et leur direction oblique disparaissent complètement et ont l'aspect de cercles parfaits et parallèles les uns aux autres. Un observateur qui, du centre du soleil, regarderait l'orbite de la terre, verrait les deux extrémités de son axe se confondre et l'orbite lui-même n'être qu'un point presque imperceptible dans l'espace. Pour la même raison, à quelque point de l'orbite que soit le globe terrestre, l'observateur qui cherche de là l'emplacement de l'étoile polaire, par exemple, la voit constamment au même point dans le nord.

106. — Le cercle zodiacal est également divisé en 360 degrés, subdivisés à leur tour en *douze* parts égales constituant chacune un arc de cercle de 30 degrés d'étendue. Chacun de ces douze arcs de cercle est occupé par une constellation, laquelle a reçu un nom et un signe particuliers. On les appelle les 12 *constellations du zodiaque* ou *les 12 signes du zodiaque*.

106. — Le globe terrestre décrit son orbite devant le milieu de la ceinture zodiacale, par conséquent, il circule dans l'espace compris entre le soleil et le

zodiaque. Il en est de même pour toutes les planètes. (Voir le *tableau.*) De là vient l'habitude de dire que la terre entre dans telle constellation du zodiaque, ou bien qu'elle est devant tel signe du zodiaque (*a*), mais en réalité c'est tel point de l'écliptique qui correspond à tel signe, ou bien à telle constellation du zodiaque, lesquels sont évidemment toujours les mêmes, vu la fixité des étoiles, et le parcours de la terre restant aussi invariablement le même.

107. — Chaque groupe d'étoiles (constellation) affecte une forme plus ou moins bizarre que les astronomes ont essayé de comparer à des objets connus. De là viennent le nom et le signe qu'on leur a donnés, et particulièrement aux constellations du zodiaque (*b*). Nous donnerons la nomenclature des autres constellations en temps et lieu.

Printemps.

Bélier,	♈	Avril,	30 jours.
Taureau,	♉	Mai,	31 jours.
Gémeaux,	♊	Juin,	30 jours.

Eté.

Cancer (écrevisse)	♋	Juillet,	31 jours.
Lion,	♌	Août,	31 jours.
Vierge,	♍	Septembre,	30 jours.

(*a*) L'élève verra cependant plus loin que cela n'est pas parfaitement indifférent.

(*b*) Pour éviter un double emploi très-prochain, l'auteur a mis en regard le nom du mois correspondant à chaque constellation, le nombre de jours que le globe terrestre met à passer devant chacune d'elles, et enfin les saisons qui y correspondent.

Automne.

Balance,	♎	Octobre,	31 jours.
Scorpion,	♏	Novembre,	30 jours.
Sagittaire,	♐	Décembre,	31 jours.

Hiver.

Capricorne,	♑	Janvier,	31 jours.
Verseau,	♒	Février,	28 ou 29 jours.
Poissons,	♓	Mars,	31 jours.

DU CALORIQUE ET DE LA LUMIÈRE.

108. — C'est du soleil que la terre et les planètes reçoivent directement la chaleur et la lumière. Plus elles en sont rapprochées, plus la chaleur et la lumière qu'elles en reçoivent sont intenses.

109. — La terre étant un corps compacte et sphérique, il s'en suit que lorsqu'elle est exposée à un foyer de chaleur et de lumière, il ne peut jamais y avoir qu'une partie de sa surface qui en reçoive l'influence. En conséquence, *le globe terrestre ne reçoit jamais les rayons solaires sur la totalité de sa surface, mais seulement sur la moitié.* (Voir le *tableau.*)

110. — En outre, par suite et de la sphéricité du soleil et de la sphéricité de la terre, les rayons solaires ne peuvent jamais darder directement dans le même moment sur toute l'étendue de cette moitié de la surface terrestre. Aussi une partie de cette surface reçoit les rayons directs et d'autres les rayons indirects. Les premiers s'appellent indifféremment *rayons verticaux* ou *perpendiculaires*, les seconds, *rayons obliques*. On conçoit nécessairement de là que les rayons verticaux donnent plus de chaleur que les rayons obliques, attendu que cela implique une distance moins grande, et, par conséquent, une action

plus directe. Plus les rayons sont obliques, moins ils transmettent de chaleur (*a*).

111. — La sphéricité du soleil et celle du globe terrestre ne sont pas les seules causes *directes* du plus ou du moins de chaleur répandu sur la terre. Nous verrons, en décrivant son parcours, que la terre dans sa totalité n'est pas toujours également rapprochée du soleil; et qu'ensuite chaque point de sa surface en est à son tour tantôt plus, tantôt moins éloigné.

112. — Le plus ou moins de chaleur du globe terrestre dépend, en outre, de plusieurs causes *indirectes*, qui paraissent même en opposition avec les principes précédents. Ces causes sont *absolues* ou *relatives*, c'est-à-dire qu'elles existent toujours, ou bien dépendent de certaines circonstances. Nous en parlerons ici, et surtout de la principale cause absolue, parce que faute de la connaître, l'élève ne saurait comprendre tout-à-l'heure comment l'influence du soleil sur la terre étant la même en été qu'au printemps, et en hiver qu'en automne, il existe néanmoins une si énorme différence de température entre l'été et le printemps, ou bien entre l'hiver et l'automne.

(*a*) Il n'entre point dans le plan de cet opuscule de donner tout au long la description des propriétés ***physiques*** et ***chimiques*** (*) du calorique et de la lumière. L'auteur n'en parlera qu'au point de vue *astronomique*. Tous les phénomènes particuliers, dont il sera question dans ce chapitre, auront spécialement trait au globe terrestre.

(*) La *chimie* s'occupe de la composition intime des corps.

113. — Le globe terrestre s'*échauffe* sous l'influence des rayons solaires, c'est-à-dire qu'il concentre dans son sein le calorique qu'il reçoit à sa surface, en d'autres mots, la chaleur pénètre de la surface vers l'intérieur. Ce phénomène s'appelle *absorption du calorique*. Mais dès que l'action solaire cesse, la chaleur acquise par l'absorption s'échappe peu à peu, et le globe terrestre se *refroidit*. Ce phénomène s'appelle *rayonnement du calorique*. S'il y a équilibre entre l'absorption et le rayonnement, la terre est tour-à-tour chaude et froide pendant le même laps de temps et au même degré. Rompez cet équilibre, vous détruisez en même temps le résultat. Ainsi, supposons la terre, pendant un temps donné et périodique, plus longtemps exposée à l'action solaire qu'à l'absence de celle-ci, il s'accumulera plus de calorique dans son sein pendant la première période, qu'elle n'en perdra pendant la seconde. Lorsque l'action solaire recommencera, la terre contenant encore du calorique de la veille, le degré de chaleur y sera bientôt proportionnellement plus élevé que celui de la veille. Approchez d'un foyer de chaleur deux boules de fer, dont l'une est déjà à moitié chaude, tandis que l'autre est froide comme glace, la première mettra la moitié moins de temps que la seconde à atteindre son plus haut degré de chaleur.

Changez la thèse, vous aurez l'explication de l'intensité du froid.

114. — Résumons. Les trois principales causes directes de la température du globe terrestre sont 1° l'influence des rayons solaires ; 2° leur degré d'ac-

tion directe ou indirecte; et 3° leur plus ou moins de continuité d'action. En conséquence, bien qu'en été l'action solaire sur le globe terrestre soit la même qu'au printemps, comme elle a lieu *après* que la terre a été (pendant le printemps) dans des conditions où l'absorption était supérieure au rayonnement, et qu'ainsi elle est restée échauffée, l'été, toutes choses égales, est plus chaud que le printemps.

Pour les motifs contraires, l'hiver est plus froid que l'automne.

Un arbre exposé *en plein vent* ne subit pas moins longtemps l'action des rayons solaires qu'un arbre voisin conduit *en espalier* le long d'une muraille. Cependant le second jouit d'une plus grande chaleur que le premier; voici pourquoi. La muraille *absorbe* du calorique et *s'échauffe;* elle laisse ensuite échapper cette chaleur lorsque l'action solaire a cessé. Mais l'espalier est là qui reçoit cette chaleur. En outre, pendant la durée même de l'action solaire, l'arbre en plein vent ne reçoit de la chaleur que du soleil seulement, tandis que l'espalier en reçoit et du soleil et de la muraille échauffée avec laquelle il est en contact.

115. — Les causes *relatives* qui influent sur l'échauffement du globe terrestre sont *la nature du sol,* son *élévation* ou son *abaissement* comparativement au *niveau de la mer;* les *vents;* la *présence* de fortes *nappes d'eaux,* de *forêts,* de *montagnes,* etc., etc. Ces phénomènes seront expliqués plus loin.

DES

MOUVEMENTS DU GLOBE TERRESTRE.

DES POINTS CARDINAUX.

116. — Pour bien comprendre les mouvements du globe terrestre et les effets qui en résultent, l'élève doit d'abord apprendre à s'*orienter*, ce qui signifie qu'il doit savoir déterminer exactement l'emplacement des *points cardinaux*. (§ 71.)

117. — Pour déterminer les points cardinaux, nous avons supposé nous trouver au centre de l'axe du globe terrestre. Figurons-nous de nouveau le globe terrestre placé dans sa position normale devant nous, et au lieu de nous placer au centre, occupons le point qu'occupe Bruxelles. Nous dirigerons naturellement nos regards vers les parties supérieures du globe terrestre, et, comme dans le cas précédent, nous aurons le *Nord* au-dessus de notre tête, le *Sud* à nos pieds, l'*Est* à droite, et l'*Ouest* à gauche (*a*).

C'est de cette même façon et pour le même motif que les points cardinaux sont marqués sur une *carte géographique*. (Voir le *tableau*; fig. C et D.)

(*a*) On les marque habituellement sur les indicateurs des vents par les initiales N. S. E. et O.

118. — L'élève devinera aisément que le moyen que nous venons d'indiquer n'est pas applicable lorsqu'on se trouve en plein air ou sur mer, c'est-à-dire sur un point quelconque du globe terrestre, lequel nous serait inconnu. Il faut là nécessairement un point de repère, et ce point doit toujours être le même. Il va de soi qu'un point fixe étant donné, tous les points cardinaux s'en déduisent d'eux-mêmes.

119. — L'idée de devoir choisir un point fixe aura déjà déterminé un choix dans l'esprit de l'élève, car sa pensée se sera immédiatement élevée vers l'astre par excellence. En effet, les astronomes ont fait choix du *soleil*. Voici la manière de s'*orienter*.

A *midi*, regardez le soleil en face : vous aurez *invariablement* le *Sud* devant vous. Dès-lors, le *Nord*, qui lui est diamétralement opposé, sera derrière vous, l'*orient* à gauche, et l'*occident* à droite.

Cette manière de s'orienter est la manière *normale* (*a*), c'est-à-dire celle qui doit servir de base à tous les calculs et à toutes les démonstrations astronomiques qui y ont rapport. L'élève remarquera nécessairement que ce procédé ne change en rien les emplacements respectifs des points cardinaux sur les cartes ou sur son petit globe terrestre; c'est lui-même qui s'est *déplacé*, et non pas les points cardinaux. En voici la preuve. Figurez-vous être placé au centre d'une carte géographique, et, comme

(*a*) L'élève apprendra plus tard que cela s'appelle *se mettre dans le plan du méridien* (§ 157).

tout-à-l'heure, tournez vos regards vers le *Sud*, n'aurez-vous pas également le nord derrière vous, l'orient à gauche, et l'occident à droite?

120. — L'élève s'habituera promptement à s'orienter autrement en plein air que sur une carte, ou bien il se familiarisera avec l'idée d'être placé au centre d'une carte les yeux tournés vers le sud.

121. — Il va de soi qu'on peut s'orienter le matin tout aussi facilement que le soir, et *vice versâ*, en se guidant sur le soleil par le même procédé. Ainsi, le matin, placez-vous en face du soleil au moment de son lever, vous aurez l'orient devant vous, l'occident derrière vous, le sud à droite et le nord à gauche; le soir l'inverse aura lieu.

122. — Mais le soleil peut ne pas luire de toute une journée, ou bien vous pouvez être dans le cas de devoir vous orienter pendant la nuit.

La science possède *deux moyens* pour arriver sûrement et promptement à son but. Le premier consiste à prendre une *étoile* pour point de repère; le second est un instrument spécial qu'on appelle *boussole*.

123. — L'élève sait que les étoiles sont à poste fixe, comme on dit vulgairement. Or, l'une des plus brillantes occupe le *pôle nord* de la voûte céleste. Pour peu que le ciel soit clair, on l'apperçoit en tous temps. Elle s'appelle *étoile polaire* (voir le *tableau*). Mais comme l'axe de la voûte céleste n'est que le prolongement de l'axe terrestre, il s'en suit qu'en tirant une ligne droite qui va de votre œil à l'étoile polaire, vous traversez nécessairement le pôle nord de la Terre; en conséquence, vous avez l'emplace-

ment précis d'un point cardinal, le *Nord*, et par suite tous les autres. En d'autres mots, *étoile polaire et nord sont synonymes* (§ 105).

124. — La *boussole* ou second moyen de s'orienter en l'absence du soleil, est encore plus fréquemment employé que les précédents, car il permet de s'orienter en tous lieux et par tous les temps, la nuit comme le jour. La boussole est un instrument qui se compose d'une *aiguille aimantée* à l'une de ses extrémités ; elle est placée, par son centre, parallèlement à un plan horizontal, sur un pivot sur lequel elle est mobile. Or, *la pointe aimantée de l'aiguille de la boussole se dirige constamment vers le Nord*. Et lorsqu'on a l'un des points cardinaux, on les a tous (*a*).

125. — L'élève est maintenant déjà suffisamment instruit en astronomie, pour pouvoir lui dire, sans craindre de jeter de la confusion dans son esprit,

(*a*) Il y a des substances qui ont la propriété d'attirer le fer. On les appelle *pierres d'aimant*. Les Grecs les appelaient *magnès*, parce qu'elles sont très-communes dans le voisinage de la ville de *Magnésie*. La science, qui s'occupe de ce phénomène, s'appelle de là même *magnétisme*.

La puissance attractive de l'aimant sur le fer s'exerce à des distances plus ou moins considérables, en raison particulièrement du volume respectif de la pierre d'aimant et du fer qu'elle attire.

Lorsqu'on met un morceau de fer en contact avec une pierre d'aimant, le fer acquiert lui-même la propriété de l'aimant : il s'*aimante*.

Suspendez une aiguille aimantée à un fil, elle prendra constamment pour un même lieu une direction déterminée, savoir le *nord*. C'est le principe fondamental de la *boussole*. La science *nautique* et la *physique* enseignent beaucoup de particularités à ce sujet, desquelles l'élève n'a pas à se préoccuper actuellement.

qu'il en est des points cardinaux, comme des lignes divisionnaires que nous avons tracées sur le globe terrestre (§ 66 et suivants). Ce sont des points de repère, des jalons (*a*) destinés à guider le voyageur sur la surface du globe terrestre, et à en déterminer les différentes régions. Mais ils n'ont pas de *sens absolu;* ils sont relatifs au lieu dont il s'agit, par rapport à un autre lieu, ou bien à un astre par rapport à un autre astre.

Nous savons déjà que la terre tourne autour du soleil, qu'elle en reçoit la lumière et la chaleur, et qu'elle en est plus ou moins éloignée, soit dans sa totalité soit dans une partie de sa surface. Or, c'est précisément chacun de ces faits que représentent les dénominations de nord, de sud, etc. Ainsi, en réalité, *nord* et *sud* signifient pour le globe terrestre être, dans l'une de ses parties, plus ou moins, beaucoup, peu ou pas du tout, exposé au soleil. *Orient* signifie voir apparaître le soleil sur un point de sa surface; *occident* l'en voir disparaître. Il est si vrai que ces dénominations n'ont qu'une *signification relative, conventionnelle*, que l'élève verra plus loin que, contrairement à l'idée qu'il s'en est probablement faite jusqu'à présent, le froid est aussi intense au pôle sud de la terre qu'au pôle nord, et les régions chaudes sont celles qui avoisinent l'équateur, lequel est au milieu de la surface du globe terrestre.

(*a*) *Jalons* ou *piquets* qu'on plante sur un terrain pour y tracer une route ou s'y reconnaître.

DE LA ROTATION DE LA TERRE.

126. — L'élève se remettra bien en tête que le globe terrestre a une position déterminée, fixe, immuable, c'est-à-dire, que son axe reste constamment dans la même direction et conserve le même degré d'inclinaison. Par conséquent, la *direction* et l'*inclinaison* du globe terrestre *ne varient ni par le mouvement de rotation, ni par celui de révolution*. Ce principe est la *base* de tous les phénomènes que nous allons successivement décrire; *que l'élève ne le perde jamais de vue.*

127. — Prenez maintenant votre petit globe. Posez-le sur la table, en le laissant s'incliner de façon à prendre deux points d'appui, l'un sur un point quelconque de sa surface, l'autre sur l'extrémité de l'aiguille qui représente le pôle sud (§ 82). *Vous aurez l'inclinaison réelle et exacte du globe terrestre sur le plan de son orbite.*

128. — On se figure généralement que la terre exécute son mouvement de rotatiou de gauche à droite ou d'orient en occident. Cette erreur provient du mouvement *apparent* du soleil, et aussi parce que tous les *Manuels* et *Traités d'Astronomie* établissent leurs calculs, leurs raisonnements et leurs démonstrations *comme si c'était le soleil qui tourne autour de la terre.* C'est enseigner le faux en place et lieu du vrai; *c'est habituer l'esprit à une erreur.*

129. — Pour se donner une idée du phénomène qui donne au soleil une *apparence* de mouvement,

on n'a qu'à se rappeler ce qui arrive lorsqu'on est assis dans un convoi de chemin de fer, le dos tourné à la locomotive : les maisons et les arbres ne paraissent-ils pas fuir devant soi, tandis qu'en réalité c'est le convoi qui passe rapidement devant eux?

130. — Le globe terrestre exécute son mouvement de rotation en vingt-quatre heures. Prenez votre petit globe. Rappelez-vous que vous vous êtes figuré être placé au point où est marqué Bruxelles. Regardez la *figure* A du *tableau*. Tournez le dos au pôle nord. La planète *Cérès* est en ce moment à votre droite; prenez-la pour point de départ et fixez-la bien. Faites tourner votre petit globe sur son axe *de droite à gauche*. Bientôt *Cérès* disparaîtra à vos yeux. Supposez que vous mettiez vingt-quatre heures à faire faire ce mouvement de rotation à votre petit globe, à l'expiration de la vingt-quatrième heure vous vous retrouverez devant *Cérès*, juste à votre point de départ de la veille.

Refaites ce même voyage, mais en observant ce qui se passera à l'égard du soleil; n'oubliez pas que vous êtes dans le *plan du méridien*, c'est-à-dire *le dos au nord* (*a*).

Au moment du départ, *il fait nuit*, car la partie du globe terrestre où vous vous trouvez, n'est pas en

(*a*) L'élève ferait bien peut-être de fixer une petite pointe de Paris à l'emplacement où est Bruxelles, et pour compléter l'expérience en étudiant le jeu de la lumière, qu'il mette son *tableau* sur la table, qu'il place une bougie au centre, et tienne son petit globe au-dessus de la figure A à la hauteur de la flamme de la bougie. Il n'y aura aucune autre lumière dans la chambre.

vue du soleil, et, par conséquent, ne reçoit pas ses rayons; elle reste donc plongée dans l'obscurité. Mais la terre commence à tourner sur son axe. Peu à peu, *à votre gauche*, vous voyez poindre la lumière: c'est le soleil que vous voyez apparaître. On dit vulgairement que *le soleil se lève*, mais en réalité, c'est la terre qui, en tournant sur son axe, fait passer devant le soleil le point de sa surface sur lequel vous êtes établi.

Le mouvement de rotation continuant, il arrivera un moment, *à midi*, où vous serez complètement en face du soleil; puis, comme vous continuerez à tourner vers votre gauche, vous le verrez insensiblement décliner sur votre droite, et enfin disparaître complètement. On dit alors vulgairement que *le soleil se couche*, c'est-à-dire que par le mouvement que la terre exécute vous cessez de l'apercevoir; les rayons du soleil ne parviennent plus jusqu'au point de la terre que vous habitez, et vous êtes de nouveau plongé dans l'obscurité.

131. — On appelle *jour* la partie des vingt-quatre heures pendant laquelle le point du globe terrestre que vous habitez, reste exposé au soleil, et *nuit* le phénomène inverse. Si une partie de la surface de la terre restait, pendant ces vingt-quatre heures, plus longtemps exposée au soleil qu'une autre partie, le *jour* y serait plus long que la nuit, et *vice versâ*. Ce nouveau phénomène a effectivement lieu, mais il est dû, ainsi que nous le verrons tout-à-l'heure, aux effets du mouvement de révolution de la terre autour du soleil.

132. — Puisque la terre met vingt-quatre heures à tourner sur elle-même, et que sa circonférence mesure 360 degrés, il s'en suit que son mouvement de rotation s'exécute avec une *vitesse* de 15 degrés terrestres à l'heure, ce qui reviendra à l'*équateur* à 375 lieues par heure, sa circonférence y mesurant 9,000 lieues.

Nous disons à l'*équateur*, parce que, à cause de la sphéricité de la terre, l'étendue de l'espace circulaire diminue à mesure que l'on va de l'équateur à l'un ou à l'autre pôle. Si donc, on continue à diviser les cercles parallèles (§ 74) également en 360 degrés, ce n'est qu'à la condition de donner à ceux-ci une étendue moindre, et, par conséquent, un équivalent d'heures proportionnellement moindre. Ainsi, le cercle parallèle qui passe par Bruxelles ne compte environ que onze lieues par degré, ou 3,996 lieues pour le cercle entier. Il résulte encore de là que la vitesse de rotation est moindre à mesure qu'on se rapproche des pôles, où il est à peu près nul.

133. — Nous avons déjà dit qu'on reconnaît la rotation d'un astre sur son axe par l'apparition et la disparution successives et périodiques des taches qui sont à sa surface. On n'a pas été moins heureux dans la démonstration du mouvement de rotation de la terre. Cette preuve a été fournie en 1851 au *Panthéon*, à Paris, par M. *Léon Foucault*. Voici son procédé :

Fixez un fil très-fin de laiton au sommet d'une immense voûte, et descendant de là presque à terre. Attachez à ce fil un globe du poids de cinq kilogrammes. Cet appareil s'appelle *pendule*. Placez une pointe à l'antipode du point où le fil est attaché au globe. Fixez sur une table une tige pointue. Placez cette table de façon que cette seconde pointe frise la pointe du pendule. Attendez que le pendule soit parfaitement immobile. Attirez ensuite doucement le globe du pendule vers le mur, et fixez-l'y par un fil de chanvre que vous aurez attaché d'avance au globe. Attendez que l'immobilité du globe, dans cette nouvelle position, soit absolue. Cela fait, brûlez le fil de chanvre. Le pendule exécutera immédiatement une longue suite d'oscillations, d'un mur à l'autre, sa pointe inférieure allant exactement friser la pointe fixée sur la table. Mais peu à peu, et même moins d'une minute après, la pointe oscillante du pendule déviera; elle s'éloignera de la pointe de la table; en outre, sa déviation aura toujours lieu vers la gauche de l'observateur. Est-ce la voûte du temple qui lui imprime cette déviation? Non, car elle est immobile; elle ne peut donc provenir que du mouvement de la terre.

134.— On conçoit que c'est à cause de son mouvement de rotation sur son axe que toutes les parties de la surface du globe terrestre sont successivement et périodiquement exposées au soleil, et en reçoivent, par conséquent, la chaleur et la lumière. Mais ainsi que l'élève en a déjà été prévenu, le mouvement de révolution exerce à son tour une influence sur la *durée* de cette exposition au soleil; c'est ce qu'il verra dans le chapitre suivant.

—

DU MOUVEMENT DE RÉVOLUTION

DU

GLOBE TERRESTRE.

---

135. — Ce mouvement est la clef de voûte des principaux phénomènes terrestres, aussi bien pour l'intelligence de ceux qui ont trait à l'*astronomie*, que pour comprendre ceux qui ont rapport à la *géographie*. Mais aussi, ce mouvement une fois bien compris, l'intelligence de ces phénomènes devient aussi simple et facile que, faute de le comprendre, ils paraissent obscurs et compliqués. L'élève ne saurait donc y prêter une trop grande attention. Cependant l'auteur espère pouvoir lui rendre cette tâche aussi facile qu'agréable, et il dit agréable, parce qu'il sait que l'homme se sent grandir à ses propres yeux en comprenant le merveilleux mécanisme du vaste empire de la création.

136. — Si l'élève se rappelle que la terre est à une distance de 34,000,000 de lieues du soleil, et que la circonférence de celui-ci compte un million de lieues, il se figurera aisément l'immense étendue que doit avoir l'écliptique. En effet, il mesure environ 216,547,200 lieues, et son diamètre 69,000,000. Le

globe terrestre parcourt cette immense circonférence en 365 jours, 5 heures et 48 minutes, ce qui fait une vitesse de 412 lieues par minute.

137. — L'élève se sera peut-être déjà demandé si tous ces calculs sont bien exacts, et s'il est facile de les faire?

Nous pouvons répondre *affirmativement* de la façon la plus catégorique.

Premièrement, les faits sont là qui viennent chaque jour confirmer l'exactitude de ces calculs. Ceci n'a pas besoin d'autres explications.

Secondement, c'est à l'aide de la *géométrie* et de la *trigonométrie* que l'*astronomie* établit ces calculs par une opération qu'on appelle la *parallaxe* des astres (*a*).

Voici une description sommaire du procédé dont ils se servent.

Deux observateurs voulant mesurer la distance de la *lune,* se placent sur la terre à l'*antipode* l'un de l'autre (§ 81); à un moment convenu, ils regardent la lune, chacun au centre de cet astre. (Voir le *tableau*, *figure* N.) Il part évidemment une ligne de l'œil de chaque observateur; ces deux lignes se rejoignent

(*a*) La *géométrie* et la *trigonométrie* sont deux branches des sciences *mathématiques;* la première enseigne l'art de mesurer l'étendue, la seconde celui de mesurer les triangles (*).

(*) Deux lignes, venant d'une direction opposée, et qui se coupent, forment un *angle;* l'angle est donc l'espace compris entre ces deux lignes. Si vous tirez une troisième ligne, qui coupe chacune des deux autres, vous formez un *triangle,* ou espace compris entre trois lignes dont chacune coupe les deux autres, et cet espace contient *trois* angles.

au centre de la lune. Il se forme donc un *triangle* ABC. Mais supposons qu'au lieu de s'arrêter au centre de la lune, chaque observateur prolonge sa ligne fictive jusqu'à la rencontre d'une étoile à lui connue et dont il prend note. En réunissant ensuite leurs observations, les deux astronomes auront formé un second triangle, BEF, dont le sommet est au centre de la lune comme le premier, et dont la base est la distance qui sépare les deux étoiles observées. Mais dans chacun de ces deux triangles il y a deux points connus, la base et le sommet; la base du premier est le diamètre de la terre, AC; celle du second, la distance entre les deux étoiles; il s'est formé à leur sommet deux angles opposés qui sont égaux, et ces angles sont connus, puisqu'on connaît le point de départ des lignes qui les forment. Or la géométrie, en connaissant ces différents termes du problème, n'a plus qu'un simple calcul à faire pour connaître le troisième, lequel sera la distance que les deux observateurs cherchaient à déterminer.

La science possède en outre un instrument, appelé *micromètre* (*a*), à l'aide duquel on mesure le diamètre d'un astre tel qu'il nous apparaît vu de la terre. Or, ce diamètre *apparent* nous étant connu, et la distance de l'astre l'étant également, la mesure du *diamètre réel* n'est plus qu'une simple multiplication.

(*a*) Supposez un tube dont l'extrémité opposée l'œil à s'élargisse ou se rétrécisse à volonté jusqu'à ce qu'elle paraisse circonscrire exactement, par exemple, la circonférence de la lune; on aura évidemment obtenu le diamètre *apparent* de la lune, duquel le degré d'ouverture du micromètre est la mesure.

Tous ces procédés s'entr'aident mutuellement et se contrôlent au besoin.

L'élève qui en est aux éléments de l'astronomie n'a nul besoin d'en connaître plus long sur ce sujet.

138. — Avant d'accompagner le globe terrestre dans un voyage autour du soleil, l'élève doit se rappeler 1° que la terre décrit son orbite sur un plan horizontal parallèle à l'équateur du soleil (*a*) ; 2° que cet orbite est entre le soleil et le cercle zodiacal ; 3° que le globe terrestre conserve constamment la même position pendant tout son trajet ; et 4° que par chaque laps de temps de vingt-quatre heures, il exécute, en outre, un tour sur son axe.

1re période ou printemps.

139. — Nous partons du point A. (Suivez sur le *tableau.*)

Regardez d'abord la direction de l'axe du globe terrestre. Le pôle nord est en haut, le sud en bas. Cette direction est la même dans les huit globes. Les huit axes sont parallèles entre eux, et à leur tour ils sont parallèles à l'axe de l'écliptique. Le même parallélisme existe nécessairement pour l'équateur et pour les lignes tropicales.

N'oubliez pas non plus l'inclinaison de l'axe. Si le globe du tableau se matérialisait en s'arrondissant,

(*a*) Nous avons déjà dit pourquoi l'élève ne doit pas se préoccuper du léger degré d'obliquité de l'orbite de la terre par rapport au soleil. (Voir *note b* du § 28 et § 115.)

et que vous fussiez placé en face de lui, le pôle nord s'inclinerait légèrement vers vous, tandis que le pôle sud s'éloignerait d'autant. *Le globe terrestre conserve cette position durant tout son parcours* ; nous ne saurions assez le répéter : c'est la clef de voûte de tout l'édifice ; retenez-le bien.

140. — Aucun élève ne peut se contenter d'étudier exclusivement sur le *tableau synoptique* les phénomènes que nous allons décrire ; nous lui en avons déjà exposé les motifs (§ 82). Voici une expérience préliminaire que nous lui conseillons de faire avant d'entreprendre avec nous le voyage que nous allons faire faire au globe terrestre sur le *tableau synoptique*.

Figurez-vous une roue de voiture, couchée à terre. Le *moyeu* représente le soleil, les rayons ses rayons, et le cercle l'orbite de la terre. Prenez votre petit globe, tenez-le dans la direction déjà indiquée (§ 126 et 127) ; présentez-le à un point quelconque du cercle de la roue, de façon à ce *que l'équateur de votre petit globe soit en contact avec le cercle de la roue;* faites lui faire lentement le tour de la roue en ayant soin que, pendant tout le trajet, l'*équateur ne cesse pas d'être en contact avec le cercle de la roue*. Rien ne doit vous empêcher de laisser tourner votre petit globe sur son axe.

Répétez plusieurs fois ce mouvement et observez-le bien.

Maintenant revenons au tableau synoptique.

141. — Dans la position où est le globe terrestre, lorsqu'il est au point A de son orbite, l'équateur fait face aux rayons *verticaux* du soleil, et les deux pôles

sont chacun à une égale distance de cet astre. L'une moitié du globe terrestre est éclairée, tandis que l'autre moitié est plongée dans l'obscurité. En conséquence, la durée du jour est égale à celle de la nuit sur toute la terre. Pour les habitants de l'équateur la chaleur est à son plus haut degré d'intensité. C'est le commencement du *printemps* pour nous. On l'appelle *équinoxe* de *printemps* ou *point équinoxial.*

En examinant le *cercle zodiacal*, côté opposé du soleil, on voit que la terre va passer devant le signe du *Bélier;* elle entre, dit-on vulgairement, dans le signe du Bélier (*a*).

142. — De ce point, le globe terrestre va décrire un quart de cercle, ou 90 degrés de son orbite, en se dirigeant vers le sud (*b*). Il va franchir cet espace en 92 jours, 21 heures et 16 minutes, (l'élève se rappellera que le soleil n'est pas au centre de l'écliptique, ce qui donne une longueur inégale aux quatre quarts de cercle de l'orbite représentant chacun une saison, ce qui fait, en définitive, que les saisons ne sont pas d'égale durée). Le soleil passe successivement devant le *Bélier*, le *Taureau* et les *Gémeaux*. Ce

(*a*) Pour des raisons que l'élève apprendra à connaître en temps et lieu, les *signes du zodiaque* ne sont plus exactement d'accord avec les *saisons*, car le *printemps* commence le 21 *mars*, l'*été* le 21 *juin*, l'*automne* le 21 *septembre* et l'*hiver* le 21 *décembre*. Mais pour le moment il ne doit pas se préoccuper de ces quelques jours de différence.

(*b*) Mettez-vous dans le plan du méridien, vous constaterez que nous voyageons d'occident en orient.

sera pour nous le mois d'*avril*, de *mai* et de *juin*, ou le *printemps*.

L'élève remarquera tout particulièrement que le globe terrestre *dévie* de la ligne circulaire *(ligne pointillée* sur le *tableau)*, pour suivre une courbe légèrement elliptique. Mais voici le phénomène le plus important qui se présente pendant ce trajet : le centre du globe terrestre s'*éloigne* du soleil de toute la distance que représente sur le globe terrestre l'espace compris entre l'équateur et le tropique du cancer, soit 23 1/2 degrés terrestres, de façon que tout l'espace compris entre l'équateur et le tropique du cancer fait successivement face aux rayons *verticaux* du soleil (voir globes A, B et C), tandis que l'équateur s'en éloigne et reçoit les rayons solaires de plus en plus obliquement. Cette obliquité devient plus forte pour les autres régions de cet hémisphère 1° à mesure que l'on descend de l'équateur au pôle sud et particulièrement à partir du tropique du capricorne, et 2° à mesure que le globe terrestre s'avance dans cette partie de son parcours. Par contre, l'espace compris entre l'équateur et le tropique du cancer fait successivement face, ainsi que nous venons de le dire, aux rayons perpendiculaires du soleil, et à partir de cette ligne tropicale jusqu'au pôle nord, les rayons solaires dardent de moins en moins obliquement sur cet hémisphère, mais sans cependant jamais l'atteindre verticalement. En d'autres termes, l'hémisphère boréal tout entier se rapproche du soleil, tandis que l'autre s'en éloigne.

Il est aisé de voir par un simple coup-d'œil sur le

globe terrestre que, durant toute cette période, le jour devient chaque jour plus long et la chaleur plus forte dans tout l'hémisphère septentrional, tandis que l'inverse a lieu dans l'hémisphère méridional.

143. — Pour mieux venir en aide à la mémoire et à l'intelligence de l'élève, nous allons résumer ce chapitre, car c'est la clef de voûte du système, les trois autres périodes n'offrant que les mêmes phénomènes sous d'autres noms.

A. Équinoxe de printemps au départ;

B. L'équateur fait face aux rayons verticaux du soleil, en d'autres mots, les reçoit directement;

C. Longueur égale du jour et de la nuit pour toutes les contrées de la terre;

D. La terre parcourt en trois mois un quart de cercle de son orbite en se dirigeant vers le sud;

E. La terre passe successivement devant le Bélier, le Taureau et les Gémeaux;

F. L'équateur s'éloigne du soleil; l'hémisphère boréal s'en rapproche, tandis que l'hémisphère austral s'en éloigne;

G. Tout l'espace compris entre l'équateur et le tropique du cancer fait successivement face aux rayons verticaux du soleil;

H. Du tropique du cancer au pôle nord, les rayons du soleil y deviennent de jour en jour moins obliques, sans cependant jamais devenir verticaux; la chaleur et la durée du jour y augmentent chaque jour;

I. C'est le printemps pour nous;

J. Dans l'hémisphère méridional les phénomènes sont inverses.

2ᵉ période ou été.

144. — Le globe terrestre est au point C. Examinons attentivement sa position : 1° il est à l'*aphélie* de son orbite (§ 32); 2° le tropique du cancer fait face aux rayons verticaux du soleil; 3° le globe terrestre est éclairé depuis l'extrémité occidentale du cercle polaire arctique jusqu'à l'extrémité orientale du cercle polaire antarctique. Pour nous c'est le jour le plus long de l'année. Pour les habitants du pôle nord le soleil ne se couche pas, ceux du pôle sud ne le voient plus depuis longtemps et sont plongés dans l'obscurité. La terre entre dans le signe du cancer; l'*été* va commencer pour nous.

145. — De ce point, le globe terrestre va décrire un nouvel arc de cercle de 90 degrés, et changer en quelque sorte de direction. Les astronomes qui font voyager le soleil en place et lieu de la terre, disent que le soleil fait ici un *temps d'arrêt*, et ils donnent à ce phénomène le nom de *solstice d'été*, nom fort impropre qu'il faudrait remplacer par *géostice*, car le globe terrestre éprouve là, en effet, un temps d'arrêt, le même qu'éprouve le balancier d'une pendule à chaque oscillation en retour.

Quoi qu'il en soit, le globe terestre est au *solstice d'été*. De ce point il va décrire un nouveau quart de cercle en se dirigeant vers l'est. Il va franchir cet espace en 93 jours, 13 heures et 52 minutes. Il passera successivement devant le *Cancer*, le *Lion* et la *Vierge*; c'est pour nous *août*, *juillet* et *septembre*, ou l'*été*.

146. — Il se passe dans ce trajet le phénomène exactement inverse de celui que nous avons remarqué dans le trajet précédent : l'équateur se rapproche du soleil de toute la distance qu'il s'en était éloigné, c'est-à-dire du tropique du cancer à l'équateur. Cet espace fait *de nouveau* face aux rayons verticaux du soleil (voir les *globes* C. D. et E.), et les régions comprises entre le tropique du cancer et le pôle nord voyent chaque jour le soleil plus obliquement. Les jours diminuent ainsi que la chaleur *absolue* (§ 112). Des phénomènes diamétralement opposés se passent dans l'hémisphère austral; il se rapproche du soleil; les jours et la chaleur y augmentent, car de jour en jour les rayons du soleil sont moins obliques pour lui.

3e période ou automne.

147. — La terre est maintenant au point diamétralement opposé de celui de son départ. Aussi n'avons-nous qu'à changer quelques dénominations, car pour les phénomènes eux-mêmes il n'y a rien de dissemblable.

A. L'équateur fait pour la seconde fois face aux rayons verticaux du soleil, et les deux pôles sont également éloignés de cet astre; par conséquent, il y a un nouvel *équinoxe* pour toute la terre; on l'appelle *équinoxe d'automne*;

B. La terre va entrer dans le signe du zodiaque appelé *Balance*, et passera successivement devant le *Scorpion* et le *Sagittaire*. Ce sera pour nous *octobre*, *novembre* et *décembre*, ou l'*automne*.

C. C'est le 3e quart de cercle de l'écliptique, que la terre va franchir en 89 jours, 17 heures et 9 minutes.

148. — Le même phénomène d'*éloignement* du soleil se présente pour *la seconde fois*, avec cette différence que c'est du côté opposé de l'équateur. C'est le tropique du capricorne particulièrement et tout l'hémisphère austral qui se rapprochent du soleil, tandis que l'hémisphère boréal s'en éloigne. C'est donc tout l'espace compris entre l'équateur et le tropique du capricorne (voir les *globes* E. F et G.) qui fait successivement face aux rayons perpendiculaires du soleil. Bref, ce sont les mêmes phénomènes que nous avons signalés pour la première période, excepté qu'il faut les placer dans un autre hémisphère. Ce serait nous répéter inutilement que de les signaler encore une fois.

4e période ou hiver.

149. — Le globe terrestre est à un second temps d'arrêt, appelé *solstice d'hiver*. En outre, il se trouve au *périhélie* de son orbite. Quoique ce soit là son point le plus rapproché du soleil, c'est cependant le moment où l'*hiver* commence pour nous. Nous en connaissons les causes. Nous sommes au plus court jour de l'année. Le pôle nord est plongé dans une complète obscurité; pour le pôle sud, au contraire,

le soleil ne se couche plus. Encore une fois, à la condition de les appliquer à un autre hémisphère, nous aurions les mêmes choses à dire que pour le solstice d'été.

La terre va parcourir le dernier quart ou 90 degrés de son orbite. Elle va franchir cet espace en 89 jours, 1 heure et 31 minutes; elle passera successivement devant le *Capricorne*, le *Verseau* et les *Poissons*. Nous aurons *janvier*, *février* et *mars*, ou l'*hiver* (voir les globes G. H. A).

Au *solstice d'hiver* le tropique du capricorne reçoit les rayons perpendiculaires du soleil; et pendant les trois mois qui vont suivre, tout l'espace compris entre le tropique du capricorne et l'équateur est successivement exposé, *pour la seconde fois*, aux rayons verticaux du soleil, et, par conséquent, nous aurons la reproduction de tous les mêmes phénomènes en sens inverse jusqu'au dernier jour de cette période, lequel est notre point de départ. Pour nous, les jours s'allongent, et si la chaleur n'augmente pas proportionnellement, c'est pour des motifs étrangers à l'action *absolue* des rayons solaires.

150. — Résumons les principales conditions et les principaux phénomènes du mouvement de révolution.

A. — L'écliptique est parallèle à l'équateur du soleil, et se trouve entre celui-ci et le zodiaque, auquel il est également parallèle;

B. — Le globe terrestre se maintient constamment dans la même position, le pôle nord en haut, le pôle sud en bas, et l'axe incliné sur le plan de l'écliptique;

C. — Le globe terrestre n'est jamais exposé aux rayons verticaux du soleil que dans l'espace compris entre les deux lignes tropicales : pendant la 1re période, c'est l'espace compris entre l'équateur et le tropique du cancer, et *vice versâ* pendant la 2e ; pendant la 3e, c'est l'espace compris entre l'équateur et le tropique du capricorne, et *vice versâ* pendant la 4e. De cette façon, les habitants des régions comprises entre les deux lignes tropicales sont deux fois par an exposés aux rayons perpendiculaires du soleil ;

D. — *Aucune partie de la surface terrestre située en dehors des lignes tropicales, n'est jamais exposée aux rayons perpendiculaires du soleil; elle les reçoit toujours plus ou moins obliquement ;*

E. — Il y a deux équinoxes et deux solstices par an ;

F. — Chaque pôle a tour-à-tour six mois de jour et six mois de nuit sans interruption ; la nuit pour l'un est le jour pour l'autre ;

G. — Pour nous, la chaleur devrait être la même en été qu'au printemps, et le froid le même en hiver qu'en automne, s'il ne fallait que considérer la position de la terre vis-à-vis du soleil. Nous savons pourquoi il en est autrement (§ 112).

151. — Refaisons ce voyage mais en le matérialisant.

Rappelez-vous la roue de voiture. Si vous avez du fil d'archal, rien ne vous sera plus facile que d'en construire une, mais en place et lieu de moyeu, vous mettez une bougie allumée qui représentera le soleil. Si vous faites l'expérience le soir et sans autre lumière dans la chambre, vous pourrez reconnaître avec précision le jeu des rayons solaires, en ayant soin que la lumière donne sur le centre de votre petit globe, c'est-à-dire que si vous tirez une ligne droite et parallèle au plan de la table, elle aille directement de l'équateur au centre de la flamme. Cette dernière condition n'est indispensable que pour étudier le jeu exact de la lumière.

En l'absence des moyens de construire ce petit appareil, prenez une assiette, posez-la sur un verre à pied, et mettez au centre une petite soucoupe ou un godet de peintre, contenant de l'huile et une veilleuse allumée.

Prenez votre petit globe en main, et le *tableau synoptique* appendu au mur devant vous, refaites le voyage que nous venons de faire, à partir du point A. Ne négligez pas de vérifier l'une après l'autre chacune des particularités de cet intéressant voyage. Vous ne manquerez pas d'arriver à un résultat très-satisfaisant, surtout si vous prenez bien vos mesures afin que votre petit globe, *tenu dans la position voulue*, ne cesse d'être en contact immédiat avec le cercle de la roue (ou avec le bord de l'assiette), *et que ce point de contact ne sorte jamais de l'espace compris entre les deux lignes tropicales*.

DE LA LATITUDE ET DE LA LONGITUDE,

OU

MESURES DES DISTANCES SUR LE GLOBE TERRESTRE.

---

152. — Le globe terrestre étant légèrement applati aux deux pôles, il y a une légère étendue moindre du nord au sud que de l'ouest à l'est. Les anciens en avaient profité pour reconnaître une *longueur* et une *largeur* au globe terrestre. La longueur s'étend de l'ouest à l'est, et s'appelle *longitude;* la largeur va du nord au sud, et s'appelle *latitude.* Les astronomes modernes ont conservé cette division.

153. — La latitude est divisée par l'équateur en deux parties égales : l'une va de l'équateur au pôle nord et s'appelle *latitude Nord*, l'autre de l'équateur au pôle sud et s'appelle *latitude Sud.* On les désigne par abréviation : la première *Lat. N.*, la seconde *Lat. S.* Celle-ci appartient tout entière à l'hémisphère méridional, celle-là à l'hémisphère septentrional.

154. — Le méridien, de son côté, divise également la longitude en deux moitiés égales, l'une occidentale ou *longitude Ouest*, et se marque *Long. O.*, et l'autre orientale ou *longitude Est*, et se marque *Long. E.*

155. — On marque les degrés de latitude sur le

méridien, et ceux de longitude sur l'équateur. Nous savons déjà que le méridien se divise en quatre quarts de cercle, allant chacun de l'équateur à l'un des deux pôles, et l'équateur en deux demi-cercles. Chaque quart de cercle du méridien aura donc 90 degrés de latitude, et chaque demi-cercle de l'équateur 180 de longitude (voir *tableau*, *fig.* A).

156. — On se sert de ces divisions pour désigner l'emplacement des lieux et des contrées sur le globe terrestre. Ainsi, pour déterminer l'emplacement d'un lieu quelconque sur la surface de la terre, on examine : 1° dans quel hémisphère il est situé ; 2° à quel degré du méridien ; 3° de quel côté et à combien de distance du méridien.

Supposons *Bruxelles*. 1° Cette ville est située dans l'hémisphère septentrional ; 2° elle est entre le 50e et le 51e degré sur le méridien ; et 3° entre le 2e et le 3e degré de longitude Est de *Paris* (*a*). Nous dirons donc que *Bruxelles* est à 50° 51′ 59″ *Lat. N.* ; et 2° 2′ *Long. E.* de *Paris* (§ 75). En conséquence, la *latitude* d'une ville est la distance qui existe entre l'équateur et le point que cette ville occupe sur la surface du globe terrestre. La *longitude* est la distance qu'il y aurait sur l'équateur entre elle et une autre ville, si toutes deux étaient situées sur cette ligne, ou bien la distance qu'il y aurait entre elles si toutes deux étaient situées sur le même cercle parallèle.

157. — Pour avoir une uniformité constante dans

(*a*) L'élève apprendra dans le paragraphe suivant pourquoi nous disons *longitude de Paris*.

les calculs, il ne devrait y avoir qu'un seul méridien pour tous les habitants du globe terrestre. Les anciens l'admettaient ainsi et le faisaient passer par les *îles Canaries* (*Fortunées*), situées sur la côte occidentale d'Afrique, et qu'ils supposaient occuper le centre de la surface du globe terrestre. Mais comme toutes ces divisions ne sont en définitive que des moyens *artificiels* pour nous guider dans ces vastes espaces, des jalons pour éclairer notre route, on conçoit aisément qu'on ne se gène guère de les modifier, lorsqu'on s'imagine pouvoir faire mieux que ce qui est, ou au moins faciliter ses propres recherches. Or, comme on peut supposer autant de méridiens qu'il y a de points sur l'équateur, puisque tout cercle qui circonscrit la terre en passant par les deux pôles est un méridien — *méridien* signifie *midi*, parce qu'il est midi en même temps pour tous ses points lorsqu'il passe devant le soleil. Ainsi, supposons-nous à l'époque d'un équinoxe, à *midi;* ce sera également midi pour toutes les villes de la moitié du globe, lesquelles se trouveront situées sur le même méridien que nous. C'est de là que vient l'expression : *se mettre dans le plan du méridien* (§ 119) ; — chaque peuple a son méridien à lui. Pour la France il passe par Paris; pour l'Angleterre par Greenwich, près de Londres; pour la Belgique par Bruxelles, etc., etc., d'où chacune de ces nations établit ses degrés de longitude. C'est pour ces motifs que dans le paragraphe précédent, nous avons dit *longitude Est de Paris*, car nous avions fait choix du méridien de Paris.

La *latitude* reste nécessairement invariable comme l'équateur qui lui sert de point de départ.

158. — Faisons encore quelques applications *pratiques*. Choisissons *Paris* et comparons sa *latitude* à celle de Bruxelles que nous connaissons déjà. Premièrement ces deux villes sont situées dans l'hémisphère boréal; nous les chercherons par conséquent en montant de l'équateur vers le pôle nord. Arrivé à 48° 50′ 14″, nous rencontrons Paris. Sachant que Bruxelles est entre le 50e et le 51e degré, il nous faut donc remonter encore plus vers le nord pour rencontrer cette ville. En effet, à deux degrés plus haut, nous trouvons Bruxelles, soit à 50° 50′ 59″ *Lat.* N.

Déterminons maintenant la latitude d'une ville située de l'autre côté de l'équateur dans l'hémisphère austral, *Ste-Hélène*, par exemple (voir le *tableau*; *fig.* C). Gagnons d'abord l'équateur, et, de là, descendons vers le pôle sud. Il ne faudra pas aller bien loin, car cette île est située dans les régions intertropicales. En effet, nous la rencontrons à 15° 55′ de *Lat.* S.

Sachant qu'un degré terrestre fait 25 lieues communes, en ajoutant le nombre de degrés de latitude qu'il y a de Bruxelles à l'équateur, à celui qu'il y a de l'équateur à Ste Hélène, et multipliant le produit (66° 5′ 59″) par 25, l'élève aura immédiatement la distance à vol d'oiseau de Bruxelles à Ste Hélène, soit 1,650 lieues communes et une fraction.

159. — La recherche de la distance de Ste Hélène par la voie du méridien aura révélé à l'élève un

autre fait remarquable, à savoir qu'il faut passer d'un hémisphère dans un autre *en coupant l'équateur*. C'est ce que les navigateurs appellent *passer la ligne* — nous savons que l'équateur s'appelle aussi *ligne équinoxiale*, — et ce passage est pour eux le sujet d'une fête, qu'on nomme le *Baptême de la ligne*.

160. — Pour déterminer la *longitude*, on fait d'abord choix du méridien d'après lequel on veut établir ses calculs. Choisissons celui de Bruxelles pour déterminer la longitude de Paris. Nous trouverons une distance de 2° 2′ à l'ouest de notre méridien. En conséquence nous disons que Paris est à 2° 2′ long. O. Bruxelles. Analysons bien ce phénomène. De Bruxelles à Paris, il y a d'abord une distance sur le méridien de deux degrés et une fraction. Parcourons cette distance. Arrivé à ce point, sommes-nous à Paris ? Nullement; nous ne sommes qu'au même degré de latitude que cette ville occuperait sur notre méridien. De ce point il nous faudra gagner du terrain dans le sens de la longitude en nous dirigeant vers l'ouest. Or, il y a ici également deux degrés et une fraction; en conséquence, si nous voulions aller à Paris en faisant la route de cette façon, ce qui ferait les deux côtés d'un rectangle, nous aurions deux fois une distance d'un peu plus de cinquante lieues à faire, la première fois en descendant de deux degrés du nord vers le sud, et la seconde fois en allant de l'est vers l'ouest (*a*). Il va de soi que dans la pratique du

(*a*) Lorsqu'une ligne verticale tombe au milieu d'une ligne horizontale, sans dévier ni à droite ni à gauche, elle forme de chaque voyage, on prend le plus court chemin possible ou la ligne à vol d'oiseau, laquelle, dans l'espèce est la diagonale (*a*). C'est de la même façon que le navigateur se guide sur l'immensité des mers avec autant de précision que nous sur nos routes de terre, chemins de fer et rivières, que nous connaissons le mieux. Faisons cependant un voyage de long cours, par exemple d'*Ostende* à *S*[te] *Hélène*.

Nous arrivons en pleine mer; la terre a disparu à nos yeux. Nous savons que Ste Hélène est située dans l'hémisphère austral à 15° 55′ *lat.* S; et 8° *long.* O.

côté un angle droit, nommé *rectangle*. (Voir le *tableau*, fig. A; l'axe terrestre tombe à angle droit sur l'équateur.) Si elle dévie, elle forme alors au point de jonction un angle plus petit, appelé *angle aigu*, et de l'autre côté un angle plus grand, appelé *angle obtus*.

Nous savons que la circonférence du globe terrestre est divisée en 360 degrés; un quart de cette circonférence compte donc 90 degrés. Un angle droit est l'équivalent d'un quart de cercle et mesure 90 degrés; aussi se sert-on de cet équivalent pour mesurer un angle. Tracez un angle quelconque sur le papier. Prenez un compas, placez l'une de ses pointes au sommet de cet angle. Tirez un cercle qui coupe les deux côtés de l'angle à une distance quelconque du sommet. Divisez ensuite ce cercle, dont le centre est le sommet de l'angle, en 360 degrés, et comptez combien vous en aurez dans l'arc de cercle compris entre les deux lignes de l'angle en question, vous aurez le nombre de degrés qu'il mesure. C'est ainsi que l'angle droit, formé par l'axe terrestre et l'équateur, mesure 90 degrés; c'est ainsi encore que l'axe du globe terrestre forme un angle de 66° 30′ avec le plan de l'écliptique.

(*a*) Tracez un *carré*. Choisissez-y deux angles opposés; au lieu de faire deux côtés du carré pour aller de l'un à l'autre, ainsi que nous venons de le faire dans le voyage de Bruxelles à Paris, tirez une ligne droite entre les deux angles. C'est une *diagonale* qui coupe en travers et abrège la distance.

Déterminons le nord au moyen de la boussole; tournons-lui le dos et naviguons directement vers le sud sans dévier de cette direction. Dépassons la ligne équatoriale et engageons-nous dans l'hémisphère austral, en laissant toujours la proue du navire dirigée vers le sud. Lorsque nous serons arrivé à 15° 55′ de latitude, nous serons à la hauteur de Ste Hélène; il ne s'agira plus que de parcourir sa distance de longitude, soit 8° O. Faisons faire un à-droite au vaisseau, et nous ne tarderons pas d'arriver au terme du voyage (*a*).

La détermination de la longitude est une question si importante que nous allons y arrêter l'élève encore pendant quelques instants, afin de lui soumettre une autre expérience *pratique*.

Rappelons-lui d'abord que les *degrés de longitude* ne représentent pas le même nombre d'heures sur toute la surface du globe terrestre (§ 132).

Effacez du globe terrestre la ville de *Londres* et essayez de retrouver sa place, en sachant que cette capitale est située à 51° 20′ 39″ *lat.* N., et 2° 55′ 45″ *long.* O. de Paris. Suivez d'abord le méridien de Paris jusqu'à l'équateur. A 2° 55′ 45″ ouest de ce point marquez-en un second et tracez-y un méridien pa-

(*a*) Nous rappellerons à l'élève que nous lui avons dit que la désignation des ***points cardinaux*** est toujours relative (§ 125). De Bruxelles à Paris, nous descendons du pôle nord vers l'équateur. Nous sommes dans le plan du méridien. Paris est donc à l'égard de Bruxelles à 2° 2′ long. O. De Paris à Bruxelles, nous allons en sens inverse; nous faisons face au nord. Donc Bruxelles à l'égard de Paris est à 2° 2′ long. E.

rallèle à celui de Paris. Ce sera le méridien de Londres. Remontez sur celui-ci à 51° 20′ 39′, *lat.* N., vous aurez l'emplacement de Londres.

Des moyens de constater les degrés de latitude et de longitude.

161. — Supposons-nous placé sur un point quelconque de l'équateur. Là il n'y a pas de latitude, et on ne voit aucun des deux pôles. Montons de là directement vers le pôle nord. Nous voyons bientôt apparaître l'*étoile polaire*. A mesure que nous avançons vers le pôle, à mesure aussi l'étoile polaire semble monter dans le ciel, et gagner le zénith de notre horizon. Si nous nous arrêtons, l'espace que nous aurons parcouru sur la terre sera proportionnellement égal à celui que l'étoile polaire aura paru franchir elle-même dans le Ciel sur le cercle de notre horizon (§ 80). En mesurant la distance que nous avons franchie et en la convertissant en *degrés,* nous aurons du même coup le nombre de degrés parcourus par l'étoile polaire, ou *vice-versâ.* En conséquence, si, dans un lieu quelconque de la terre, on pouvait dire à quelle hauteur sur le cercle de notre horizon on y voit l'étoïle polaire, on saurait exactement par là à quelle distance ce lieu est lui-même de l'équateur, et, par conséquent, quel est son degré de latitude. Or, il existe un instrument pour établir ce calcul; il s'appelle *quart de cercle,* et détermine le degré de latitude d'un lieu quelconque avec une précision mathématique.

On applique encore plus facilement le même procédé et ce calcul en observant la hauteur méridionale du soleil, dont l'inclinaison ou distance de l'équateur pour chaque jour est bien connue.

162. — La détermination de la *longitude* est également très-facile. Nous savons 1° que la terre tourne sur elle-même d'occident en orient; 2° que l'équateur ainsi que tous les cercles qui lui sont parallèles sont divisés en 360 degrés; 3° que la terre fait son mouvement de rotation en 24 heures, et fait, par conséquent, 15 degrés terrestres en une heure, 15 minutes de degré en une minute de temps, et 15 secondes de degré en une seconde de temps ; et 4° que chaque méridien passe à une heure différente devant le soleil, ou ce qui revient au même, que l'heure de midi varie pour chaque méridien. Or, cette différence sera nécessairement d'une heure pour une distance de 15 degrés d'un méridien à un autre méridien. En conséquence, multipliez par 15 la différence d'heure à un moment donné entre deux lieux du globe terrestre, vous aurez leur distance en *longitude*.

Mais ne perdez pas de vue que les régions situées à l'orient de votre méridien, passant nécessairement *avant* vous devant le soleil, et celles situées à l'occident *après* vous, l'heure sera *en avant* sur vous à l'*est*, et *en retard* à l'*ouest*. N'oubliez pas non plus que partout où un méridien quelconque fait face au soleil, il est midi en cet endroit, ce qui signifie encore que nous sommes au milieu du jour, ou bien, en style ancien, que le soleil est au milieu de sa course.

Faisons une application *pratique* de ces préceptes.

Quittez Bruxelles à midi, et accordez exactement votre montre avec l'heure de Bruxelles. Allez en droite ligne dans la direction de l'est. Arrivez le lendemain à 15 degrés terrestres de distance juste au moment où il marque *midi* à votre montre. Demandez alors l'heure aux habitants de l'endroit, ils vous répondront qu'il vient de sonner *une* heure. Vous avez donc une différence d'une heure avec Bruxelles ; multipliez cette différence par 15, vous aurez le degré de longitude du lieu où vous êtes, et comme vous y êtes en avance vous aurez 15° longitude Est de Bruxelles. Si, au lieu de vous diriger vers l'est vous aviez pris la direction ouest, à 15 degrés de distance, vous auriez vu qu'il n'y était que 11 heures du matin au moment où votre montre marquait midi. Ici l'heure est en retard avec Bruxelles parce que vous êtes à l'occident de cette ville.

En conséquence, en vous trouvant à un lieu quelconque du globe terrestre, si vous avez l'heure exacte de la capitale de votre pays, calculez la différence d'heure, multipliez cette différence par 15, et, en tenant compte de l'avance ou du retard, vous saurez à quel degré de longitude Est ou Ouest vous êtes de votre capitale.

On a imaginé divers instruments pour mesurer la longitude, ainsi qu'on l'a fait pour mesurer la latitude. On les appelle *garde-temps*, *chronomètre* ou *montre marine*. En somme, lorsqu'on est sûr de la montre qu'on a sur soi, elle peut suffire, très-approximativement du moins.

DE LA

SPHÉRICITÉ DU GLOBE TERRESTRE.

---

163. — Ce n'est que vers le VIe siècle avant Jésus-Christ que l'on a rencontré chez les savants les premiers soupçons de la sphéricité de la terre et de son isolement dans l'espace. Jusqu'alors on avait toujours cru que la terre était plane et s'étendait indéfiniment dans tous les sens. En 1519, seulement, un nommé *Magellan* fit, le premier, le tour du globe terrestre (*a*). Depuis ce moment la sphéricité de la terre a été un fait définitivement acquis à la sience.

164. — Les preuves de la sphéricité de la terre sont multiples; en voici quelques-unes : 1° N'importe le lieu où se sont trouvés les voyageurs, sur terre ou sur mer, ils se sont vus entourés de la voûte céleste également sphérique; 2° si on voit venir de loin un navire sur mer, on voit successivement apparaître d'abord le sommet du plus grand mât, puis

(*a*) Ne perdez pas de vue qu'on peut faire le tour du globe terrestre en deux sens : parallèlement à un méridien en passant par les deux pôles; ou bien parallèlement à l'équateur ou à un cercle parallèle quelconque. C'est de ce dernier qu'il s'agit ici, les pôles n'ayant pas encore été contournés.

ce mât lui-même, ensuite les mâts moins élevés, et enfin le corps du navire; 3° le déplacement *apparent* des étoiles, correspondant à la direction que nous suivons nous-même (§ 161), et se faisant en arc de cercle (*a*).

(*a*) Nous rencontrerons plus loin une autre preuve péremptoire dans la sphéricité de l'ombre que la terre projette sur la lune pendant une éclipse (§ 203).

DE L'HORIZON.

165. — Nous savons que l'horizon est un cercle dont la circonférence est la limite de la vue à l'entour de nous. Il sépare la partie du Ciel qui est visible pour nous, de celle qui reste invisible. Dans quelque lieu du globe terrestre qu'un observateur est placé, il a *son* horizon à lui et dont il occupe le centre. Le *zénith* de son horizon est le point le plus élevé au-dessus de sa tête, le *nadir* est le point diamétralement opposé, sous ses pieds. Chaque horizon est nécessairement en rapport avec la position de la sphère où il est tracé, et se trouve, par conséquent, *parallèle*, *perpendiculaire* ou *oblique* à l'équateur. (Voir *tableau; fig.* H.)

166. — L'horizon est nommé *sensible* ou *visuel*, lorsqu'on l'applique à la circonférence qui limite *naturellement* notre vue. Lorsqu'on s'élève en plein jour de deux ou trois mètres au-dessus d'une plaine, ou bien au-dessus du niveau de la mer, le diamètre de l'horizon visuel est d'environ trois lieues.

167. — On appelle horizon *rationnel* celui qui passe à égale distance des pôles par le centre de la terre et partage celle-ci en deux parties égales; son zénith et son nadir sont également à la voûte céleste, mais à l'antipode l'un de l'autre. L'horizon rationnel est toujours parallèle à l'horizon visuel.

168. — Lorsque nous examinons la position d'un astre par rapport à nous-même, nous nous traçons mentalement notre horizon, et selon la position que cet astre a sur la circonférence de notre cercle-horizon ou vis-à-vis d'elle, nous disons que cet astre est dans notre horizon, apparaît à notre horizon, ou bien est au-dessus ou au-dessous de notre horizon. C'est ainsi que les habitants de l'équateur voient le soleil au-dessus, c'est-à-dire au zénith de leur horizon. Pour nous, qui ne recevons jamais les rayons du soleil que plus ou moins obliquement, le soleil n'est jamais au zénith de notre horizon (*a*).

(*a*) Ce paragraphe est le complément du paragraphe 161 pour la détermination du degré de latitude.

DES ZONES.

169. — Ni dans sa totalité, ni dans ses parties, la terre n'est pas constamment ni à une égale distance du soleil, ni dans la même position vis-à-vis de lui. Le résultat immédiat de cette variation continuelle de position est l'inégalité dans la distribution de la lumière et du calorique. Cette distribution, quoique différente pour chaque point du globe terrestre, s'y fait cependant avec régularité, et a pu facilement être assujettie à des calculs de limites et de durée. Ce sont ces divisions qu'on a tracées sur le globe terrestre à la suite de ces calculs, qu'on a appelées *zônes*.

170. — La chaleur que nous ressentons sur un point quelconque de la terre n'est pas exclusivement le résultat ni du rapprochement du soleil, ni de l'action directe de celui-ci, mais en grande partie, au contraire, celui de la durée ou continuité de son action.

En thèse générale, cependant, plus une planète est rapprochée du soleil, plus elle est échauffée. Si la terre était aussi près du soleil que Vénus, et surtout que Mercure, elle entrerait en ébullition; de même, elle se convertirait en un bloc de glace, si elle en était aussi éloignée qu'Uranus ou Neptune.

On est autorisé à conclure de là que si ces planètes sont habitées, leurs habitants doivent être dans des conditions physiques autres que nous. Il y a plus. Notre planète elle-même ne saurait supporter sur un seul point de sa surface la continuité d'action des rayons verticaux du soleil. C'est pour ces motifs que, par une sage prévoyance du Créateur, elle est inclinée sur son axe, et s'éloigne ou se rapproche du soleil de manière à la soustraire à cette continuité d'action, et à ne lui permettre de recevoir chaque année les rayons *perpendiculaires* du soleil successivement que sur un espace de mille lieues (deux mille en réalité), alternant, en outre, par douze heures d'action (*jour*) avec douze heures d'absence (*nuit*).

171. — La chaleur va en diminuant de l'équateur au pôle dans chaque hémisphère. Voilà un premier fait. Un second fait, c'est que de l'équateur à la ligne tropicale la chaleur y est le plus intense. Un troisième fait, c'est que l'espace, compris entre chaque cercle polaire et le pôle correspondant, est soumis au froid le plus rigoureux possible, à cause de son grand éloignement du soleil et de ce qu'il est complètement soustrait à son action pendant la moitié de l'année. Le quatrième fait enfin, c'est qu'entre ces deux extrêmes les régions intermédiaires jouissent d'une chaleur qui va en se modérant depuis la ligne tropicale jusqu'au cercle polaire respectif. En conséquence de ces faits, on a divisé chaque hémisphère en *trois grandes zônes :* 1° en zône *torride* ou *tropicale*; 2° en zône *tempérée*, et 3° en zône *glaciale*. Mais chaque zône de chaque hémisphère offre respective-

ment le même degré de chaleur *absolue* que la zône correspondante dans l'autre hémisphère, de manière que lorsqu'on parle en général, sans distinction d'hémisphère, on dit *les zônes torrides*, *tempérées et glaciales*. Les habitants ont subi les mêmes distinctions.

172. — Quelques astronomes ne se sont pas bornés à diviser les habitants de la terre d'après la zône qu'ils y occupent. Ils les ont encore divisés d'après la direction de l'ombre qu'ils projettent lorsqu'ils sont exposés au soleil. Les *hétérosciens* sont les habitants des zônes tempérées; leur ombre regarde constamment l'un des deux pôles. Les *périsciens* habitent les zônes glaciales; leur ombre se projette en tous sens à l'entour d'eux. Les *amphisciens* ou *asciens* habitent les régions intertropicales; à midi ils voient leur ombre alternativement tournée, pendant la première moitié de l'année, vers l'un des pôles, et, pendant la seconde moitié vers l'autre. Ils sont également à un moment donné de l'année sans projeter aucune ombre. Les *antœciens* sont deux peuples, placés sur le même point du méridien, l'un dans l'hémisphère boréal, l'autre dans l'hémisphère austral; ils comptent les mêmes heures au même instant mais ils ont des saisons opposées. Les *périœciens* sont dans le même hémisphère, mais de chaque côté du méridien; ils ont des heures opposées mais des saisons semblables.

—

DES CLIMATS.

—

173. — La division de chaque hémisphère en zônes se rapporte à la distribution de la chaleur. Une seconde division a été ensuite établie pour fixer la durée de la distribution de la lumière ou *longueur du jour* dans chaque partie du globe terrestre. Dans ce but, on a tracé, comme pour la division en zônes, des *cercles parallèles à l'équateur*. L'espace d'un cercle à l'autre, s'appelle *climat*.

On divise communément chaque hémisphère en *trente* climats, 24 de l'équateur au cercle polaire, et 6 de celui-ci au pôle. Mais l'inégalité de la longueur des jours des premiers d'avec les seconds est si grande, qu'on a nommés ceux-ci *climats de mois*, et ceux-là *climats d'heures*. La différence des climats d'heures est d'une demi heure, c'est-à-dire, qu'entre le plus court jour de cet espace et le plus long jour du même espace, il y a une différence d'une demi heure. Ainsi, à l'équateur, le jour est de 12 heures; au premier cercle en montant vers le pôle le jour compte 12 heures et demie, au 2e 13, et ainsi de suite.

Du cercle polaire au pôle, la différence du jour d'un cercle à l'autre est d'*un mois;* en conséquence, le jour est d'un mois au premier cercle et de six mois au pôle.

Voici un tableau des climats d'heures et de mois, ou longueur des jours, avec indication de la latitude de chacun des cercles parallèles, et la distance d'un cercle à l'autre. L'élève remarquera que cette distance va en diminuant d'un cercle à l'autre en allant de l'équateur au cercle polaire, tandis qu'elle va en augmentant de celui-ci au pôle.

CLIMATS D'HEURES.

CLIMATS	Durée du plus long jour.		Latitude du cercle supérieur.			Distance entre les cercles.		
1er	12h	30m	8°	34′	3″	8°	34′	3″
2e	13	»	16	44	3	8	10	»
3e	13	30	24	48	10	7	27	52
4e	14	»	30	48	10	6	36	15
5e	14	30	36	31	3	5	42	53
6e	15	»	41	23	48	4	52	45
7e	15	30	45	32	2	4	8	14
8e	16	»	49	2	2	3	30	»
9e	16	30	51	59	47	2	57	45
10e	17	»	54	30	23	2	30	36
11e	17	30	56	38	21	2	7	58
12e	18	»	58	27	10	1	48	49
13e	18	30	59	59	50	1	32	40
14e	19	»	61	18	46	1	18	56
15e	19	30	62	25	50	1	7	4
16e	20	»	63	22	35	»	56	45
17e	20	30	64	10	18	»	47	45
18e	21	»	64	49	54	»	39	36
19e	21	30	65	22	15	»	32	21
20e	22	»	65	47	57	»	25	42
21e	22	30	66	7	29	»	19	32
22e	23	»	66	21	10	»	13	41
23e	23	30	66	29	19	»	8	9
24e	24	»	66	32	»	»	2	41

CLIMATS DE MOIS.

1e	1 mois.	67°	22′	42″	»	50′	42″
2e	2 mois.	69	49	35	2	26	53
3e	3 mois.	73	38	44	3	48	59
4e	4 mois.	78	30	55	4	52	11
5e	5 mois.	84	5	3	5	34	35
6e	6 mois.	90	»	»	5	54	57

DE L'ANNÉE, DES SAISONS, DU MOIS ET DU JOUR.

—

174. — On appelle *année tropique*, *équinoxiale*, *commune*, ou *civile*, le temps que le globe terrestre emploie à revenir au même *point équinoxial* (A) qui lui a servi de point de départ. Sa durée est de 365 *jours*, 5 *heures*, 48 *minutes et* 50 *secondes.*

175. — On appelle *année sidérale* la durée du retour du globe terrestre vis-à-vis d'une *étoile* prise comme point de départ; en d'autres termes, le temps que le globe terrestre emploie à revenir devant la même étoile. La durée de l'année sidérale est de 365 jours, 6 heures, 9 minutes et 14 secondes.

176. — La différence de longueur dans les deux années provient de ce que le moment de l'équinoxe arrive un peu avant que le globe terrestre se retrouve exactement à son point de départ. Ce phénomène s'appelle *précession des équinoxes*, et provient d'un mouvement d'inclinaison du globe terrestre par lequel celui-ci tend à redresser son axe perpendiculairement sur le plan de son orbite, d'où résulte une *rétrogradation* du point équinoxial. Cette rétrogradation est de *cinquante secondes d'étendue par an*. Mais si petite que soit cette rétrogradation, elle finit à la longue par devenir sensible. Au bout de *vingt-six mille ans* le globe terrestre aura fait le tour de son

orbite en sens inverse. Aujourd'hui déjà les *signes* du zodiaque ne correspondent plus exactement aux calculs des anciens, tels que nous les avons indiqués sur le *tableau synoptique*. Ce n'est plus le *Bélier* qui correspond au commencement du printemps, mais les *Poissons*. D'autre part, les *saisons* commencent quelques jours plus tôt. L'élève en tiendra compte pour mémoire.

177. — Comme on ne peut former chaque année une division spéciale pour l'excédent des 365 jours, on les a réunis pour faire un jour plein au bout de quatre ans, placé à la fin de février. C'est ce qu'on appelle *année bissextile*.

178. — Nous avons déjà démontré l'inégalité de répartition de chaleur sur les différentes parties du globe terrestre. Cependant cette répartition a pour chacune d'elles des périodes d'égale durée et à peu près d'égale intensité relative. On leur a donné le nom de *saisons*. La partie de la terre que nous habitons en a *quatre*. D'autres parties du globe terrestre n'en ont que deux.

Nos quatre saisons s'appellent *printemps*, *été*, *automne* et *hiver*. Bien que pendant le printemps nous soyons à une égale distance du soleil qu'en été, c'est néanmoins durant l'été que la *température* est le plus élevée (*a*). L'absorption et le rayonnement du calori-

(*a*) Un corps s'échauffe s'il reçoit dans un temps donné plus de calorique qu'il n'en laisse échapper, et se refroidit dans le cas contraire. Deux corps en présence échangent sans cesse leur calorique et tendent à se mettre en équilibre. Ils restent alors à un degré stationnaire de calorique aussi longtemps qu'aucune cause ne vient

que expliquent ce phénomène, de même que le froid en hiver.

179. — Nous voici arrivé au moment de pouvoir expliquer quelques *autres causes relatives* du plus ou moins d'élévation de la température terrestre, lesquelles sont la *densité de l'air*, l'*élévation du sol au-dessus du niveau de la mer*, la *présence de forêts*, de *mers*, de *fleuves*, de *rivières;* l'exposition aux *montagnes*, et la *nature du sol* (§ 114).

180. — L'air atmosphérique nous environne de toutes parts. Mais cette couche est moins *dense* à mesure qu'on s'éloigne de la surface du globe terrestre, et par cette *diminution de densité* elle est moins capable de retenir le calorique (*a*). En conséquence, l'air est d'autant plus chaud qu'on est plus près de la surface de la terre, et *vice versâ*. C'est l'un des motifs pour lesquels les aéronautes n'ont pu dépasser une certaine hauteur, sans périr de froid. C'est à cette même cause qu'est due le froid qui règne sur les hautes montagnes, et elle explique comment

échauffer ou refroidir l'un d'eux. Cet état stationnaire s'appelle *température;* elle s'applique à une région, à un lieu, à un appartement ou à un objet quelconque.

(*a*) Qui n'a vu charger un fusil? Une quantité de poudre est versée avec la bourre dans le canon et y occupe un espace donné. Mais on l'entasse le plus qu'on peut à l'aide de la baguette. Bientôt elle n'occupe plus que la moitié, que le quart de l'espace qu'elle occupait avant cette opération. La poudre s'est *condensée*. Un corps plus dense qu'un autre corps est donc un corps qui occupe un moindre espace que celui-ci, bien qu'ils aient la même quantité de matière. Plus un corps est dense, moins vite il laisse échapper le calorique dont il est pénétré.

elles peuvent être couvertes de glaces et de neiges éternelles à leur sommet, tandis qu'à leur pied règne un printemps perpétuel. Cette *élévation du sol* au-dessus du niveau de la mer influe sur la température d'une manière extrêmement sensible. On peut quelquefois s'en apercevoir d'un bout d'une ville à l'autre. Ce phénomène est très-remarquable à *Quito*, ville située sur l'équateur, mais à une élévation de 2,587 mètres au-dessus du niveau de la mer; sa température est aussi modérée que la nôtre.

181. — La *rosée* du matin et le *serein* après le coucher du soleil sont deux phénomènes résultant également des causes relatives de chaleur et de froid. Pendant le jour les rayons solaires échauffent le globe terrestre et font évaporer l'humidité répandue à sa surface. Cette vapeur se condense par le froid de la nuit, et se dépose de nouveau sous forme de gouttelettes sur la surface de la terre. C'est la couche inférieure seulement de l'atmosphère qui donne naissance à la rosée. Ce n'est pas une pluie ordinaire, à preuve c'est qu'on trouve ces gouttelettes à la surface interne des globes de verre qui sont à l'abri de la pluie dans les serres et dans les couches. Après le coucher du soleil, le même phénomène se reproduit et s'appelle alors le *serein*. Mais si ce n'est pas la pluie, ainsi que nous l'entendons communément, nous verrons plus loin que la rosée et la pluie se forment d'après le même principe.

182. — Une autre cause relative très-remarquable de chaleur et de froid gît dans *la nature même du sol*. Ainsi les *déserts d'Afrique*, dont le sol est sablonneux

et sec, présentent une chaleur brûlante, tandis que les pays du *continent Américain*, situés à la même latitude, mais couverts d'épaisses forêts et d'immenses nappes d'eau, présentent comparativement une température froide (*a*).

183. — Par suite de ce que le soleil n'est pas exactement au centre de l'orbite de la terre, la distance du point équinoxial de printemps à celui d'automne n'est pas la même que de ce dernier au premier. C'est en vertu de cette inégalité dans le parcours de la terre, et aussi parce que son mouvement s'accélère vers son périhélie, où est le solstice d'hiver, qu'il y a inégalité dans la durée des saisons (*a*).

184. — Chaque saison correspond à trois signes du zodiaque. Chaque signe occupe un espace de 30 degrés. Lorsque la terre passe devant l'un de ces signes, on dit qu'elle entre, ou bien qu'elle est dans tel signe. La terre met un temps à peu près égal à parcourir chacun de ces signes; l'inégalité de cette durée reconnaît la même cause que celle de la saison entière. Cette *durée* a reçu le nom de *mois*. Les mois sont de 31 et de 30 jours; un seul en a 29 ou 28. Chaque mois correspond à un signe du zodiaque;

(*a*) L'explication de ces phénomènes ne doit-elle pas embarrasser énormément ceux qui enseignent la géographie à un élève qui n'a aucune notion d'*astronomie?*

(*a*) On n'aura pas manqué de remarquer que notre méthode nous expose à quelques répétitions. Mais cet *inconvénient, si c'en est un*, est-il aussi grave que celui de ne pas être compris, ainsi que cela arrive par les autres méthodes?

nous avons cependant constaté que la *précession des équinoxes* influe sur le moment de l'apparition du globe terrestre devant les constellations. Il y a retard d'un degré zodiacal en l'espace de 72 années. L'élève sait en quel sens il doit tenir compte de cette différence.

185. — On pourrait croire que dans les zônes torrides et glaciales, il n'y a qu'une seule saison ; il y en a deux cependant. Dans les premières, durant *quatre mois* par an, le globe terrestre n'y est pas exposé aux rayons perpendiculaires du soleil, et, par conséquent, la chaleur y est moins intense. En outre, pendant ce même laps de temps, il y règne habituellement des vents épouvantables, et la pluie y tombe par torrents, comme rien de pareil ne se présente jamais dans nos contrées. C'est l'*hiver* de ces pays.

Dans les zônes glaciales, le soleil n'y luit que pendant quelques mois, mais il ne s'y couche pas ; en conséquence, *son action est continue ;* aussi la terre s'y échauffe promptement à un assez haut degré, et ses produits spéciaux y acquièrent la maturité beaucoup plus rapidement que ces mêmes produits ne l'acquièrent dans nos contrées.

186. — C'est le moment d'expliquer ce qu'on entend par *époque des canicules* ou *jours caniculaires des faiseurs d'almanachs pratiquant la prédiction ou pronostic des temps.*

L'étoile la plus rapprochée de nous, et qui nous paraît briller avec le plus d'éclat, appartient à la constellation du *Grand-Chien* (chien, en latin : *canis,* d'où *caniculaire*). Cette étoile s'appelle *Sirius*. Or, la constellation du Grand-Chien, et, par consequent, Sirius, nous apparaissaient jadis juste au moment où le globe terrestre passait devant le *cancer* (juillet), à l'époque où les grandes chaleurs commencent à se faires entir. Malheureusement pour les faiseurs d'almanachs, la précession des équinoxes a dérangé leurs prédictions et renversé leur échaffaudage caniculaire, car c'est beaucoup plus tard, vers septembre, que la terre passe maintenant devant la constellation du Grand-Chien (*a*).

(*a*) L'auteur se trouva un jour chez un imprimeur, comme on apportait à celui-ci une épreuve d'*Almanach* à corriger. Sa femme était là à tricoter. Il lut à haute voix : 5, 6 et 7 août, *pluie et vent*. « Mais François ! s'écria vivement sa femme en quittant son tricot, » sais-tu bien que tu *fais pleuvoir* juste le jour de notre grand » lavage ! » François, sans se déconcerter, reprit : 5, 6 et 7 *beau fixe !* A la bonne heure ! riposta sa femme toute joyeuse, et elle reprit son tricot !

Nous sommes fâché de devoir ajouter ici que le *pronostic des temps*, basé sur le *baromètre* et sur l'*hygromètre*, a exactement la valeur que celui de l'imprimeur François. Il n'en est pas de même du *thermomètre;* celui-ci a l'avantage d'indiquer le degré réel de la *chaleur* de l'atmosphère (température) avec une précision mathématique (*).

(*) L'air atmosphérique est plus ou moins pesant, selon qu'il est plus ou moins humide ou sec, par conséquent, il presse plus ou moins sur les objets répandus sur la terre. L'instrument qui donne la *mesure de cette pression* s'appelle *baromètre*.

Prenez une seringue en verre. Plongez-la dans un vase rempli d'eau. Tirez le piston. Vous faites ainsi le *vide* dans l'intérieur du corps de la seringue. Par la pression, par le poids que l'air ambiant exerce sur la surface de l'eau, et celle ci ne rencontrant plus de résistance dans l'intérieur de la seringue, puisque vous en avez extrait l'air, l'eau s'y élève. Fixez votre appareil et observez le *niveau* de l'eau dans le tube de la seringue. Vous le verrez ou monter ou descendre, et vous remarquerez que cette élévation ou cette descente correspondent, la première, à un air *humide*

187. — On appelle *jour* la durée du temps que la terre emploie à faire un tour sur son axe. Ce mouvement se nomme également *diurne*.

Les astronomes distinguent deux espèces de jour, l'un dit *solaire* ou *commun*, et l'autre *sidéral*, selon qu'on prend le *soleil* ou une *étoile* comme point de départ. Le jour est donc le temps que met un point du méridien à passer deux fois devant le soleil ou devant une étoile, pris chacun comme point fixe.

188. — Le jour sidéral et le jour solaire n'ont pas la même longueur, car si l'étoile est fixe et immuable, le soleil ne l'est pas. Nous savons qu'il fait un mouvement de translation dans l'espace. Ce mouvement est d'environ un degré par jour. Il arrive de là que lorsque le soleil a été pris comme point fixe en même temps qu'une étoile qui se trouvait sur la même ligne, le soleil, au bout de 24 heures, s'est éloigné de l'étoile qui lui correspondait la veille. Cet

c'est-à-dire à une plus grande pression; la seconde, à des circonstances inverses (il va de soi que l'art a mieux imaginé que le procédé que nous venons de décrire, lequel n'a d'autre but que de démontrer le *principe*. Ainsi l'aiguille d'un baromètre à cadran est mue par une poulie que fait tourner un fil auquel est suspendu un petit flotteur qui nage sur du mercure contenu dans une petite cuvette). Malheureusement pour le baromètre, il est mille causes qui dérangent ses calculs, et son tout premier inconvénient est de ne pouvoir en aucun cas indiquer le temps à venir : aussi a-t-on imaginé le temps *variable!*

L'*hydromètre* est une aiguille mue par la torsion d'une corde de violon, laquelle torsion dépend de l'humidité de l'air. Même observation quant au pronostic que pour le baromètre.

Le *thermomètre* repose sur le principe de la *dilatation* des corps par la *chaleur*. Ainsi une colonne de mercure (argent vif) occupe un espace déterminé dans un tube dans lequel on a fait le *vide*. *Chauffez* le mercure, il se *dilate* et prend plus d'espace; la colonne *monte* dans le tube. Par le refroidissement elle *descend*. Ce phénomène est constant et précis. En outre, le mercure est très-sensible à la chaleur. La moindre élévation de température dans un appartement influe sur lui.

éloignement est tel, que la terre doit encore employer *quatre minutes* pour réjoindre le soleil. En conséquence, le jour solaire est de quatre minutes plus long que le jour sidéral.

Il est bien entendu que par *jour*, nous comprenons le mouvement *diurne* du globe terrestre, et non pas le *jour* comme *durée de la lumière* ou de l'*obscurité* répandues sur le globe terrestre.

189. — Pour régler nos *montres*, on n'a pu se guider ni sur le jour sidéral, ni sur le jour solaire, d'autant plus que la différence de longueur entre l'un et l'autre n'est pas toujours exactement la même. A certaines époques de l'année, cette différence est de près d'un quart d'heure. Les astronomes ont calculé la moyenne de cette différence pour chaque jour de l'année, et ils ont donné à cette moyenne de durée du mouvement diurne le nom de *jour moyen*, pour le distinguer de l'autre qui s'appelle *jour vrai*. Le jour *sidéral* est marqué aux pendules des *Observatoires*, le jour *solaire* aux *cadrans* solaires. Le jour moyen sert de base à nos calculs, et la fixation de l'heure est officiellement déterminée par les directeurs des Observatoires. L'élève conclûra aisément de ce qui précède qu'il est inexact de dire qu'une montre va juste avec le soleil, et, par conséquent, il est inutile de tâcher de régler une montre qui est tantôt un peu en retard et tantôt un peu en avance sur l'heure officielle, attendu que celle-ci varie elle-même dans ce double sens. L'*heure vraie* et l'*heure moyenne* ne sont d'accord que quatre fois par an, au 15 avril, au 15 juin, au 1er septembre et au 25 décembre.

DE LA LUMIÈRE, DE L'AURORE ET DU CRÉPUSCULE.

---

190. — Ni les astronomes, ni les physiciens ne sont pas encore d'accord sur la véritable nature de la lumière. Pour l'élève, il suffit de la considérer comme un fluide *éthéré* ou plus volatil que la vapeur, et qui émane du soleil. Son éclat est trois fois plus puissant que celui de la lumière électrique, la plus puissante lumière artificielle connue.

191. — La lumière parcourt *quatre millions de lieues à la minute;* elle met donc huit minutes et demie en moyenne pour venir du soleil jusqu'à nous.

Un phénomène astronomique fort remarquable a permis de calculer la vitesse de la lumière. Nous le rencontrerons plus loin (§ 205).

192. — Là où la terre fait face aux rayons perpendiculaires du soleil, comme aux régions intertropicales, la lumière la frappe *inopinément* au moment même où elle apparaît devant le soleil. Le jour succède brusquement à la nuit et *vice versâ*.

193. — Dans les régions tempérées et dans les régions glaciales, où les rayons solaires n'arrivent jamais que plus ou moins obliquement, la lumière n'arrive pas brusquement, mais peu à peu. A mesure que l'obliquité des rayons solaires augmente, la lumière arrive aussi de plus en plus graduellement.

194. — L'obliquité des rayons solaires n'est pas

la seule cause de l'apparition lente de la lumière sur certains points du globe terrestre. Deux autres circonstances viennent considérablement augmenter cette influence.

Un rayon du soleil, de même que tout rayon lumineux venant d'un corps éclairé, arrive à l'œil de trois manières différentes :

1° *Directement;* c'est le rayon qui arrive du corps éclairé à l'œil sans rencontrer aucun autre corps sur sa route capable de l'influencer;

2° Par *réflexion;* lorsque le rayon lumineux rencontre sur sa route un corps qui ne l'absorbe pas, quile rejette au contraire, il revient sur lui-même, il est *réfléchi*, dit-on, mais dans le sens diamétralement opposé, car l'angle d'incidence est égal à l'angle de réflexion. C'est le phénomène du miroir;

3° *Par réfraction;* c'est un rayon lumineux qui rencontre un corps qui le brise et lui fait suivre une autre direction en angle obtus. Ceci arrive chaque fois qu'un rayon passe d'un milieu moins dense dans un milieu plus dense. L'air atmosphérique présente cette double qualité, les couches supérieures étant moins denses que les couches inférieures. Mais ces phénomènes n'y ont lieu que lorsque les rayons sont obliques.

Supposons que ce soit le rayon oblique A B C (voir le *tableau;* fig. E) lequel doive nous donner le premier de la lumière. Évidemment, tel qu'il est là, il faudra que la terre continue son mouvement de rotation vers lui avant que ce rayon nous atteigne. Mais ce rayon, après avoir passé au-dessus de notre tête, est réfléchi par l'influence de l'air atmosphérique ; il revient sur ses pas du point C vers le point D, et projette ainsi sa lumière sur nous, bien que nous ne le voyions pas. C'est là un effet de la *réflexion* des rayons solaires, et son résultat s'appelle *aurore*, le matin, et *crépuscule*, le soir, car il se reproduit aussi bien pour les rayons obliques du soir au moment qu'ils disparaissent à nos yeux, que le matin lorsque le phénomène opposé se présente.

Plus les rayons solaires sont obliques et l'air serein, plus la réflexion est sensible et précoce pour les points du globe terrestre au profit desquels elle a lieu. En conséquence, la durée de l'aurore et du crépuscule varie suivant le degré d'obliquité des rayons solaires.

La lumière de l'aurore et du crépuscule n'est pas aussi intense que celle des rayons solaires eux-mêmes.

Le second effet de l'air atmosphérique sur les rayons solaires consiste dans leur *réfraction*, laquelle nous rend le soleil *visible* deux ou trois minutes *avant* son apparition *réelle* à notre horizon, ou le soir lorsqu'il en a déjà disparu (voir le même rayon; il va de B à D). Aux pôles, la puissance de réfraction de l'air atmosphérique est si grande, que le soleil est visible pendant deux et même pendant trois jours sans apparaître à l'horizon.

Il est aisé de ne pas confondre la réfraction avec la réflexion des rayons solaires, puisque dans le premier cas le soleil est visible, et qu'il ne l'est pas dans le second.

DES MOUVEMENTS DE LA LUNE.

195. — Nous savons que la lune exécute un triple mouvement; le premier est celui de la *rotation sur son axe*. De même que celui de la terre, ce mouvement s'exécute d'occident en orient, il s'accomplit en 29 jours et demi. Le deuxième mouvement, celui de *révolution* s'exécute autour de la terre et est à peu près circulaire (voir le *tableau;* fig. D). Il s'exécute dans le même laps de temps. Il résulte de cette coïncidence dans la vitesse des deux mouvements, que la lune présente constamment le même côté à la terre. Le troisième mouvement est un mouvement de *translation* ou de *transfert* autour du soleil.

La révolution de la lune autour de la terre présente des particularités fort remarquables qui feront le sujet des paragraphes suivants.

196. — L'orbite de la lune, très-légèrement ovalaire, n'est pas exactement parallèle à l'orbite de la terre; il présente une inclinaison de 5°, et son axe, étant déjà incliné sur le plan de son propre orbite, il en résulte qu'il l'est encore davantage sur celui du globe terrestre, avec lequel orbite il forme, en effet, un angle de 88°.

Le grand axe de l'orbite de la lune s'appelle *ligne des apsides*.

197. — Supposons une *étoile*, le *soleil* et la *lune* en même temps sur la même ligne, devant un point du méridien. L'étoile reste fixe. Le soleil fait un mouvement de translation. La lune, en décrivant son orbite, fait treize degrés en 24 heures, ou 14 lieues par minute. En conséquence, 27 jours et 7 heures après son départ, elle se retrouvera à son point de départ du méridien vis-à-vis de l'étoile. Sera-t-elle également vis-à-vis du soleil? Non, car celui-ci faisant un mouvement de translation dans le ciel, équivalant à peu près à un degré en 24 heures, il s'en suit que lorsque la lune arrive devant l'étoile, le soleil s'est avancé d'environ 27 degrés; pour le rejoindre, la lune doit employer encore un peu plus de deux jours. Ainsi pour compléter son mouvement de rotation et revenir vis-à-vis du soleil, la lune emploie 29 jours et 12 heures. Cette période s'appelle *lunaire* ou *synodique*.

198. — Par son triple mouvement, et les deux premiers mettant chacun le même temps à l'accomplir, la lune présente constamment la même face à la terre, et une partie seulement de sa surface est éclairée pour nous. Il y a même un moment qu'elle est complètement dans l'obscurité pour nous. Ces variations se font d'une manière périodique et régulière, et s'appellent *phases lunaires*. Il y en a *quatre* principales, qui se succèdent de sept jours en sept jours.

199. — Lorsque la lune se trouve entre le soleil et la terre, elle est invisible pour nous. On appelle cette phase *nouvelle lune*, *néoménie*, *conjonction* ou

première syzygie. Elle reste pendant deux jours invisible. Le troisième jour, immédiatement après le coucher du soleil, elle paraît à l'occident sous forme de *croissant* dont la convexité regarde le soleil. A mesure qu'elle s'avance dans son orbite, la lune devient plus apparente. Après avoir franchi le premier quart de son orbite, la partie éclairée représente un demi cercle. C'est la *première quadrature* ou *premier quartier*. A la fin du 2e quart de cercle, à moitié chemin de son orbite, c'est *pleine lune*, *seconde syzygie* ou *opposition*. Elle se lève à l'orient au moment du coucher du soleil. La moitié de son globe est éclairée pour nous, et apparaît sous forme sphérique. Pendant le trajet de son 3e quart de cercle, la lune se lève tous les jours un peu plus tard à l'orient, et elle revêt de nouveau peu à peu la forme d'un demi cercle; arrivée à la fin de cette course, elle prend le nom de *seconde quadrature* ou *dernier quartier*. A partir de là, la partie éclairée diminue de jour en jour et disparaît sous forme de croissant qui ne se montre plus qu'un peu avant le lever du soleil, et finit par devenir complètement invisible pour nous.

On a divisé ces quatre phases principales chacune en un autre 8e de l'orbite lunaire. Le 8e après la nouvelle lune s'appelle le *croissant* ou *premier octant;* après la 1re quadrature, *premier ovale* ou 2e *octant;* après la pleine lune, *dernier ovale* ou 3e *octant;* et après la 2e quadrature, *déclin de la lune* ou *dernier octant*.

—

DES ÉCLIPSES.

200. — Comme la terre et la lune sont deux globes opaques qui reçoivent l'un et l'autre la lumière du soleil, si, par la coïncidence de leurs mouvements, la lune vient à s'interposer entre le soleil et la terre, celle-ci cesse d'être éclairée. Pour la terre le soleil est obscurci. Si, au contraire, la terre s'interpose entre le soleil et la lune, celle-ci cesse à son tour d'être éclairée. Ces phénomènes s'appellent *Éclipses;* dans le premier cas c'est une *éclipse du soleil;* dans le second c'est une *éclipse de lune.* (Voir le *tableau ;* fig. L.)

Qu'un nuage épais s'interpose entre nous et le soleil, ou entre nous et la lune, ces astres sont plus ou moins obscurcis; c'est encore une éclipse de soleil, ou une éclipse de lune, mais on n'a pas l'habitude de qualifier ainsi cet obscurcissement passager.

La lune peut se placer entre la terre et une étoile et celle-ci être éclipsée. Ce phénomène a reçu le nom d'*occultation.*

201. — A première vue, il semble qu'il faudrait une éclipse de quinze jours en quinze jours, c'est-à-dire, chaque fois que la terre et la lune se trouvent en conjonction (*nouvelle lune*) ou en opposition (*pleine lune*). Il n'en est rien cependant à cause de l'inclinaison des plans des orbites, d'où il résulte le plus souvent qu'à chacun de ces moments la lune est tantôt un peu plus haut que la terre et tantôt un peu peu plus bas qu'elle, de façon que les éclipses sont assez rares.

202. — Lorsque la ligne de l'orbite de la lune croise celle de l'orbite de la terre, le point où les deux orbites se coupent, s'appelle *nœud*. Ce n'est que lorsque la lune se trouve dans un nœud ou dans le voisinage au moment de la conjonction ou de l'opposition, qu'il peut y avoir éclipse (c'est à cause de ce phénomène que l'orbite de la terre a reçu le nom d'*écliptique*). Ce n'est donc qu'aux époques de nouvelle lune ou de pleine lune qu'il peut y avoir une éclipse. Il ne saurait y en avoir à l'époque d'une quadrature.

203. — L'éclipse du soleil est appelée *centrale*, si la lune cache le centre du soleil. Ce phénomène arrive lorsqu'au moment de la nouvelle lune, celle-ci se trouve exactement à l'un de ses nœuds.

La lune étant tantôt plus rapprochée, tantôt plus éloignée du soleil, il s'en suit que pour nous elle couvre tantôt complètement le soleil et paraît même dépasser sa circonférence — cela arrive lorsque la lune est très-près de la terre, — et tantôt, au contraire, la circonférence du soleil dépasse comme un anneau l'ombre que la lune projette sur lui. Ces éclipses s'appellent la première *totale*, et la seconde *annulaire*. Celles-ci sont assez rares (*a*).

Les éclipses de lune ne sauraient être *annulaires*,

(*a*) Mettez une pièce de cinq francs à un centimètre de distance d'un œil, et fermez l'autre. Vous ne verrez rien au-delà de la pièce de monnaie. Éloignez celle-ci de toute la longueur du bras, mais en la maintenant dans la direction de l'axe visuel, vous verrez alors au-delà la presque totalité de tout objet plus grand que la pièce de cinq francs. C'est une image d'une éclipse totale ou annulaire.

l'ombre que la terre projette sur elle étant si étendue, qu'elle dépasse toujours la circonférence du globe lunaire. Cependant ces éclipses peuvent être *partielles*, et c'est alors que nous voyons que par la forme de l'ombre qu'elle projette sur la lune, la terre est sphérique (§ 163).

Il va de soi que les éclipses peuvent avoir lieu devant des portions de la terre où elles échappent à nos regards (voir la même *figure*); de là viennent les expressions d'éclipses *visibles* ou *invisibles* pour nous.

204. — On peut facilement calculer les phases de la lune, et, par conséquent, en décrire d'avance les évolutions. De même, on peut indiquer d'avance les époques des éclipses, la coïncidence d'une conjonction ou d'une opposition avec un nœud se faisant régulièrement, à des époques déterminées. Un astronome habile qui a l'habitude pratique de ces calculs, ne se trompera pas d'une minute sur plusieurs siècles. La science a, par conséquent, détruit de fond en comble tous les préjugés qui ont jamais eu cours sur ce sujet et qui ont tant effrayé les imaginations. C'est là encore un de ces services que l'astronomie a rendus aux peuples, que rien ne saurait effacer.

205. — Nous avons dit qu'un phénomène astronomique avait permis de calculer la *vitesse de la lumière*. Voici ce phénomène. Le volume de Jupiter est si considérable, que chaque fois qu'il est en opposition avec le premier de ses satellites, il y a éclipse totale de celui-ci. Ces éclipses sont faciles à calculer d'avance, et à constater lorsqu'elles ont lieu. Or, un

astronome danois, du nom de *Rœmer*, avait remarqué que le retour de la lumière après l'éclipse offrait parfois un retard qui allait jusqu'à 16 minutes et 26 secondes. Il ne tarda pas de remarquer que ce retard était subordonné à l'éloignement où la terre était de Jupiter. Ainsi l'éclipse peut arriver à une période de conjonction avec Jupiter, la terre étant à l'une des extrémités de son orbite (voir le *tableau; fig.* M), ou bien à une période d'opposition, et la terre se trouvant à l'extrémité opposée de son orbite (*Terre A*), c'est-à-dire que l'éclipse du satellite de Jupiter peut avoir lieu en deux conditions d'éloignement de la terre, et la différence extrême de ces deux éloignements est nécessairement de 69,000,000 de lieues, ou toute la distance de l'axe de l'écliptique. Or, puisqu'entre ces deux termes du retour de la lumière après l'éclipse pour nous il y a une différence de 16 minutes et 26 secondes, c'est que la lumière a dans l'un des deux cas 69,000,000 de lieues de moins à faire pour parvenir jusqu'à nous. Cette différence est nécessairement la *mesure* de la *vitesse de la lumière*; soit 4,000,000 de lieues à la minute.

206. — Nous ferons ici une remarque dont l'élève prendra bonne note. En annonçant si longtemps d'avance les phénomènes astronomiques, les savants *prédisent-ils* en réalité l'avenir? Pas le moins du monde. Depuis des siècles les mêmes phénomènes ont toujours apparu aux mêmes époques et sous les mêmes conditions; en d'autres mots, l'ordre admirable établi par le divin Créateur ne s'étant encore jamais dérangé, il est permis à la sagesse humaine

de croire que le même phénomène continuera à se reproduire après le même laps de temps, et, par conséquent, rien ne doit l'empêcher d'annoncer d'avance le fait comme certain. L'astronomie ne *prédit* donc pas, elle fait de l'*histoire*. L'*avenir* appartient à Dieu seul.

DE QUELQUES PHÉNOMÈNES PARTICULIERS

concernant les étoiles.

—

207. — Nous avons vu que l'un des principaux éléments distinctifs entre une planète et une étoile, consiste dans la fixité de l'une et dans la mobilité de l'autre. Cependant la fixité des étoiles ne paraît pas être absolue. Elles semblent, au contraire, se mouvoir dans l'espace. Mais ce mouvement se fait simultanément pour toutes à la fois; elles décrivent chacune une circonférence de cercle, et ces circonférences sont toutes parallèles entre elles. C'est en raison de cette simultanéité qu'on a donné à ce mouvement le nom de *commun*, pour le distinguer de celui des planètes qu'on dit leur être *propre*. En d'autres mots, les étoiles n'ont pas de mouvement propre ou spécial à chacune d'elles, ce qui se résoud à dire qu'elles n'ont pas de mouvement sensible pour nous. C'est comme un navire qui s'avance dans les mers; il a beau se mouvoir, aucune de ses parties, bien qu'elle avance également, n'a de mouvement propre, et ne cesse de paraître immobile relativement à celui qui l'observe en étant lui-même sur le navire.

208. — Nous savons qu'on a divisé la prodigieuse quantité d'étoiles en 108 groupes ou *constellations*

(quelques astronomes les appellent aujourd'hui *astérismes*). Cette division en groupes a été jugée utile parce que les étoiles ne présentent ni symétrie ni régularité dans leurs positions respectives. En outre, chaque groupe est formé d'un nombre indéterminé d'étoiles, depuis *cinq* dont se compose le *Triangle austral*, jusqu'à 207 composant le *Taureau*. Quarante-huit de ces groupes sont visibles à l'œil nu, et étaient déjà connus des anciens; ils ont été classés par Hipparque, de Nice, le plus célèbre astronome de l'antiquité.

209. — Les constellations formant des groupes d'un dessin plus ou moins bizarre, on a essayé de se les rappeler en leur donnant un nom qui indiquât cette forme. Là où il n'y a pas eu lieu de donner un nom particulier, on s'est borné à les désigner par leur numéro d'ordre.

210. — Parmi les constellations, abstraction faite du zodiaque, *cinq* seulement sont réellement remarquables pour nous. Ce sont *Cassiopée*, la *Grande-Ourse* ou *Chariot*, la *Petite-Ourse*, *Céphée* et *Orion*.

En regardant le ciel au pôle nord, par un temps serein, les quatre premières sont toujours visibles pour nous; la cinquième ne nous apparaît qu'en hiver, mais alors elle brille d'un éclat très-vif.

La *Grande-Ourse* est composée de sept étoiles principales, dont quatre sont disposées en quadrilatère et trois en guise de queue, appelée *timon du chariot*, placées à des distances à peu près égales. C'est la première constellation qui frappe l'œil lorsqu'on regarde vers le nord. (Voir le *tableau*.)

La *Petite-Ourse* ressemble assez exactement à la Grande-Ourse, mais le quadrilatère est renversé. *L'étoile polaire* appartient à cette constellation ; elle occupe l'extrémité de son arc.

Cassiopée est de l'autre côté de l'étoile polaire, à la même distance que la Grande-Ourse. Cette constellation est composée de cinq étoiles principales disposées en M.

Céphée est entre la Petite-Ourse et Cassiopée; elle représente un arc formé par trois étoiles de 3e grandeur, et duquel la convexité est tournée vers la Petite-Ourse.

Orion est la plus belle constellation visible de notre hémisphère. Elle représente un rectangle occupé au milieu par trois étoiles de 2e grandeur, sur la ligne desquelles une traînée de petites étoiles tombent en rectangle équilatéral et figurant une épée.

Ces constellations sont encore appelées *circompolaires boréales.*

Les autres constellations qui ont reçu des noms particuliers et sont visibles de l'hémisphère boréal, sont : *Andromède*, *Pégase*, le *Cocher*, la *Chevelure de Bérénice*, le *Bouvier*, la *Couronne boréale*, *Hercule*, l'*Aigle*, la *Lyre*, le *Cygne*, le *Petit-Chien*. etc. Dans l'hémisphère austral, ce sont : le *Dragon*, le *Dauphin*, la *Baleine*, l'*Éridan*, le *Grand-Chien*, l'*Hydre*, la *Coupe*, le *Corbeau;* le *Centaure*, etc.

C'est vers *Hercule* qu'a lieu la *translation du soleil* avec tout son système planétaire.

C'est en travers de l'Aigle, du Cygne et de Céphée que s'étend la *voie lactée.*

211. — Quelques étoiles, appelées *temporaires*, viennent briller à nos yeux pendant un certain temps, puis disparaissent pour ne plus revenir. Les astronomes ont cherché à expliquer ce phénomène par un incendie qui les aurait dévorées.

212. — Quelques étoiles, dites *changeantes*, nous apparaissent *périodiquement* tantôt plus lumineuses, tantôt moins; quelques-unes même deviennent invisibles pendant quelque temps, et reprennent ensuite graduellement leur éclat primitif pour le perdre encore.

213. — On appelle *étoiles doubles*, *triples* et *multiples*, des étoiles qui, vues à l'œil nu, paraissent uniques, et, vues au télescope, se composent de petits groupes de deux, de trois ou de plusieurs étoiles.

214. — Deux étoiles sont en *réalité*, ou bien ne *paraissent* qu'être *voisines* l'une de l'autre; dans le dernier cas c'est leur position dans la même direction qui leur donne cette apparence. On appelle celles-ci *étoiles doubles optiques*; celles-là *étoiles doubles physiques*. L'étoile polaire est double et se compose d'une étoile de 2e et d'une autre de 3e grandeur.

215. — Quelques étoiles présentent une lumière colorée. Cette variation de couleur est assez sensible. On les appelle *colorées*. Les principales couleurs sont l'orange, le bleu, le vert émeraude et le jaune. Mais il est probable que cette coloration tient à un effet d'optique ou impression d'une lumière intense sur l'œil.

216. — Les étoiles *nebuleuses* sont divisées en plu-

sieurs catégories, mais nous croyons inutile d'y insister, parce que ces distinctions dépendent de la puissance du télescope. Pour donner une idée de cette influence, rappelons-nous qu'à l'œil nu on ne voit de chaque hémisphère que 1,200 étoiles, tandis que *Herschel* prétend qu'à l'aide de son télescope il en voit près de 35,000,000 dans l'espace de quelques degrés.

217. — Nous avons vu que par les calculs de latitude et de longitude, on détermine la situation exacte de tous les points du globe terrestre. Par un calcul pareil, qu'on établit d'après l'*équateur du monde*, on détermine la position d'une étoile dans le ciel, ainsi que celle de tous les astres indistinctement. On calcule, à cet effet, sa distance de l'équateur et son éloignement d'un méridien fictif. Ce méridien, suivant le cas, sera la circonférence de l'horizon de l'observateur. On appelle *déclinaison* la distance de l'équateur, soit *boréale*, soit *australe*, et *ascension*, *orientale* ou *occidentale*, son élévation sur le méridien. Ceci est de l'astronomie presque transcendante dont l'élève ne tiendra compte que pour mémoire.

218. — Le procédé le plus simple pour se rendre compte de la position d'une étoile ou de la figure d'un groupe, consiste à les étudier d'abord sur une sphère céleste, puis à les rechercher dans le ciel même en s'aidant de dessins. On se dirige ensuite dans cette dernière étude par un procédé artificiel, appelé *méthode d'alignement*, à laquelle toutefois on ne peut avoir recours que pour autant que l'on connaisse *déjà* la position de *deux* étoiles. Ceci obtenu,

la position d'une autre étoile étant donnée, on la cherche dans le ciel en prolongeant idéalement la ligne droite étendue entre celles que l'on connaît vers celle que l'on cherche. On s'aide ordinairement d'un fil que l'on tend entre l'œil et le ciel. Ainsi, par exemple, en prolongeant la ligne droite qui s'étend entre les deux dernières étoiles de la queue de la Grande-Ourse, on rencontre l'étoile polaire.

DU GNOMON ET DU CADRAN SOLAIRE.

219. — Rappelons-nous que l'axe de la terre présente une obliquité sur le plan de son orbite formant un angle de 66° 30′ ; qu'ensuite l'écliptique a, de son côté, une obliquité de 23° 28′ sur l'équateur du soleil, et bien qu'à la distance où ces deux astres sont l'un de l'autre, cette obliquité soit à peine sensible, il résulte néanmoins de ces deux effets combinés, que c'est l'espace compris entre les deux lignes tropicales lequel reçoit *exclusivement*, deux fois par an, les rayons perpendiculaires du soleil.

Lorsqu'un habitant du globe terrestre reçoit verticalement les rayons du soleil, son corps ne projette pas d'ombre, mais à mesure qu'il s'éloigne de cette situation perpendiculaire, l'ombre se forme et elle s'*allonge* graduellement à mesure qu'il reçoit les rayons du soleil plus obliquement. Pour le même motif, au lever du soleil l'ombre est plus allongée pour nous ; elle se raccourcit graduellement jusqu'à midi, puis s'allonge de nouveau jusqu'au coucher du soleil. Avant midi l'ombre est à notre droite ; après midi elle donne à notre gauche. Ces phénomènes étant constants dans leurs effets et dans leur périodicité sur tous les points du globe terrestre, il en résulte que celui qui tracerait le point où donne l'ombre d'un objet à chaque heure du jour, cet objet indiquerait avec précision les heures du jour pendant lesquelles cet objet resterait exposé au soleil. On a imaginé divers instruments qui remplissent ce but; ils indiquent les époques de l'année et les heures du jour par la longueur des ombres. Les deux principaux sont le *Gnomon* et le *Cadran solaire*.

220. — Le gnomon est une pyramide placée sur la *méridienne*. On appelle *méridienne* le moment d'arrêt où l'ombre va changer de direction. C'est l'analogue du solstice. C'est le moment précis de midi. C'est le *midi vrai*. C'est le coup de canon du Palais Royal de Paris.

L'ombre projetée par la pyramide s'éloigne plus ou moins de sa base suivant la saison de l'année. A midi précis, l'ombre couvre le méridien du lieu. Au solstice d'hiver l'ombre du gnomon atteint son maximum de longueur; l'inverse a lieu au solstice d'été.

Au lieu d'une pyramide on peut pratiquer un trou dans un mur très-élevé; lorsque le rayon solaire passe par ce trou, en marquant sa distance de la base du mur, on peut indiquer le jour de l'observation et l'heure. L'angle d'un mur projetant de l'ombre, peut servir aux mêmes fins.

Le gnomon a été employé dès les temps les plus reculés. Il en est de même du second procédé qu'on appelle plus particulièrement une *méridienne*. On voit même des méridiennes tracées dans différents monuments publics.

221. — Le second instrument, appelé *cadran solaire*, est d'un emploi plus général et plus facile.

Tracez un cercle sur un plan horizontal, par terre, sur une table; fixez une tige droite au centre, et attendez midi. Lorsque l'heure de midi sonne, marquez le point précis où donne l'ombre. Faites la même chose d'heure en heure avant midi et après midi, et lorsque vous aurez marqué chaque heure que votre cercle est exposé au soleil, vous aurez un cadran solaire approprié au lieu.

Quelle que soit la forme qu'on donne à un cadran solaire, lors même qu'on employe une tringle en fer qu'on appelle *style*, et qu'on adapte à une muraille — *style* qu'il faut avoir la précaution de placer parallèlement à l'axe de la terre, — il faut marquer les heures de la façon que nous venons de le faire.

DU CALENDRIER.

222. — Nous avons démontré que l'astronomie est parvenue à s'orienter dans l'immensité de l'espace; elle a trouvé moyen de mesurer les distances qui séparent les astres; elle donne à chacun d'eux sa place respective, retrace leurs évolutions et décrit leur influence les uns sur les autres. Pour le globe terrestre, elle décrit tous ces phénomènes respectivement pour chaque point de son immense surface; il ne lui restait plus qu'un pas à faire pour arriver au plus haut degré de perfection qu'il soit, peut-être, donné à la science humaine d'atteindre: il lui fallait pouvoir appliquer toutes ses précieuses découvertes sur l'espace et le temps, sur l'étendue et la durée, aux usages journaliers de la vie. C'est ce qu'elle a fait glorieusement en imaginant le *Calendrier*. Tel qu'il est aujourd'hui — mais son usage vulgaire est cause qu'on n'admire plus ce produit phémoménal de la science humaine, — c'est de tous les objets que les hommes ont imaginés, le plus utile, en même temps qu'il n'en est pas un qui résume en lui autant de *science positive*, et qui ait coûté autant de difficultés et de travaux de tout genre; en un mot, *qui ait usé plus de génie humain!*

Le *Calendrier* (du mot latin *calendæ*, qu'employaient

les Romains pour désigner le premier jour du mois) indique l'ordre des années, des saisons, des mois, des semaines, des jours, des fêtes, des lunaisons, des éclipses, l'heure du lever et du coucher du soleil, etc., etc. Jusqu'à *Jules-César*, environ un demi siècle avant l'ère chrétienne, la plus grande incertitude régnait sur la manière de régler et de compter les divisions du temps. *Sosigènes,* célèbre astronome égyptien, aida Jules-César à établir des principes fixes, et ils imaginèrent un calendrier, qui reçut le nom de *Calendrier-Julien*. L'année fut fixée à 365 jours, et chaque quatrième année comptait un jour de plus. On appelait celle-ci *bissextile*, parce qu'elle renfermait un jour appelé *bissextus* de l'ancien calendrier (*a*).

A la fondation de Rome, l'année était divisée en *dix* mois. Le premier mars était le premier jour de l'année. *Numa-Pompilius*, deuxième roi de Rome, divisa l'année en *douze* mois. Les chrétiens, à leur tour, y apportèrent une modification en la faisant commencer à Pâques. Ce n'est que bien tard, en 1574, que *Charles* IX lui assigna un jour fixe qu'il détermina au 1er janvier.

223. — Les jours de la *semaine* doivent leurs noms aux planètes qui étaient connues des anciens : lundi, jour de *lune;* mardi, de *Mars;* mercredi, de *Mercure;* jeudi, de *Jupiter;* vendredi, de *Vénus;* samedi, de *Saturne*, et le dimanche, du *Soleil*.

(*a*) Le *bissextus* (deux fois sixième) était le second sixième jour avant les calendes de Mars.

224. — C'est une curieuse histoire que celle qui ne laissa que 28 jours au mois de février, excepté pour l'année bissextile. *Jules-César* avait composé son calendrier de façon à donner alternativement 31 et 30 jours à chaque mois. Or, le mois de *juillet* avait pris son nom sur le sien. Plus tard, l'empereur Auguste donna également son nom à un mois, et il choisit le mois suivant. Mais à peine cette modification était-elle accomplie, que ses courtisans le plaignaient d'avoir pris un mois ayant un jour de moins que celui qu'avait pris son prédécesseur. Comme on avait déjà supprimé un jour à février, on lui en enleva encore un, et on l'ajouta au mois d'août.

225. — Cependant la division adoptée par Jules-César n'était pas mathématiquement exacte, car elle avait onze minutes de plus par an que l'année vraie. Si minime que fût cette fraction, elle amena un excédent de *dix jours* vers la fin du XVIe siècle. *Grégoire* XIII la corrigea. En 1582, *il supprima ces dix jours,* ainsi que *trois* bissextiles séculaires sur *quatre*.

Pour savoir si l'année est bissextile, on examine si le nombre d'années depuis le commencement du siècle est divisible par quatre. Nous sommes dans la 63e année du XIXe siècle ; ce nombre n'étant pas divisible par quatre, l'année n'est pas bissextile. L'année prochaine, au contraire, sera bissextile, 64 pouvant se diviser par 4. Pour l'année séculaire, l'année est bissextile si les deux premiers chiffres sont divisibles par quatre. L'année 1800 ne l'est point, 1900 non plus ; l'an 2000 sera bissextile, 20 se divisant par 4.

Depuis cette réforme, le calendrier a pris le nom de *Calendrier-Grégorien*. Les Grecs et les Russes sont les seuls peuples d'Europe qui se servent encore du Calendrier-Julien, aussi leur année est-elle actuellement en retard de *douze* jours sur la nôtre.

226. — *Douze lunaisons* forment une *année lunaire*, composée de 364 jours et 8 heures. Il y a donc une différence de longueur en faveur de l'année solaire. Mais au bout de dix-neuf années lunaires, la lune commence une lunaison nouvelle en même temps que la terre commence une révolution nouvelle. Cette période de 19 ans fut appelée *cycle lunaire*. Les Grecs en firent la base de leur calendrier. Ils faisaient l'année ordinaire de douze mois lunaires, et intercalèrent périodiquement une année de 13 mois afin de regagner le temps négligé. Ils furent si heureux de la découverte du cycle lunaire, due à l'un de leurs concitoyens, qu'ils firent inscrire en lettres d'or sur le fronton du temple de Minerve l'année du cycle lunaire dans laquelle on se trouvait.

227. — Cependant la concordance du cycle lunaire et de l'année solaire n'est pas rigoureusement exacte ; il s'en faut d'une heure et demie. Afin d'obvier à cet inconvénient, on eut recours à une autre méthode, appelée *épacte astronomique*, ou calcul fait d'après l'âge de la lune au 31 décembre de chaque année à midi.

Nous n'entrerons pas dans de plus longs détails sur ce calcul, d'autant plus que sa raison d'être a cessé d'exister pour le principal usage qu'on en faisait, ainsi qu'on va le voir dans le paragraphe suivant.

228. — L'Église catholique a des *fêtes* qu'elle célèbre à jours fixes, et d'autres qu'elle célèbre à des dates variables. Ces dernières s'appellent *fêtes mobiles*. Le procédé pour fixer les fêtes mobiles est extrêmement simple, car elles se règlent toutes sur *Pâques*, et leur distance de Pâques est déterminée d'une manière invariable. Or, l'Église fixe le jour de Pâques au dimanche qui suit la pleine lune arrivant après le 20 mars. Pâques se célèbre donc toujours entre le 22 mars et le 27 avril, et toutes les autres fêtes en conséquence.

DE LA SURFACE DU GLOBE TERRESTRE.

229. — La *mer* couvre les trois-quarts de la surface du globe terrestre, laquelle a 32,000,000 de lieues carrées. La terre ferme n'en occupe que le quart, dont les quatre-cinquièmes appartiennent à l'hémisphère boréal.

230. — Tout le globe terrestre est entouré, jusqu'à seize lieues de hauteur, d'une couche gazeuse qu'on appelle *air atmosphérique*.

231. — La surface du globe terrestre est divisée en *cinq* grandes parties, dont quatre occupent sa moitié orientale. La cinquième occupe à elle seule la moitié occidentale (il est entendu que nous nous orientons sur notre méridien).

Les quatre premières parties s'appellent *Europe*, *Afrique*, *Asie* et *Océanie*; la 5e *Amérique*. (Voir le *tableau*, fig. C et D.)

232. — La masse prodigieuse d'eaux qui couvrent le globe terrestre prend le nom générique d'*Océan*; mais toute proportion considérable de l'Océan, bornée de plus d'un côté par des terres, prend généralement le nom de *mer*, et de *mer* intérieure si elle est à peu près complétement entourée.

233. — Il y a *six* mers principales :

1° L'*Océan Atlantique* entre l'*Europe* et l'*Afrique* (est) d'une part, et l'*Amérique* (ouest), d'autre part;

2° Le *Grand Océan Pacifique* ou *Mer du Sud,* entre l'*Asie* et l'*Océanie* (ouest), d'une part, et l'*Amérique* (est), d'autre part;

3° L'*Océan Indien* ou *Mer des Indes*, entre l'*Asie* (sud), l'*Afrique* (est), et l'*Océanie* (ouest);

4° La *Mer Polaire* ou *Océan Glacial Arctique;*

5° La *Mer Polaire* ou *Océan Glacial Antarctique*, s'étendant, comme la précédente, jusqu'au pôle;

6° La *Méditerranée*, du sud de l'*Europe* au nord de l'*Afrique*.

234. — L'eau de la mer est *salée;* on n'en connaît pas la cause.

235. — La *profondeur* moyenne des mers est à peu près la même que la hauteur *moyenne* des terres au-dessus de son niveau, soit mille mètres environ.

DES SPHÈRES, DES GLOBES

ET

DES CARTES GÉOGRAPHIQUES.

—

236. — On donne spécialement le nom de *sphère* à une boule qui représente les différentes divisions de la terre et tend à expliquer ses mouvements. On en distingue deux, celle de *Copernic*, qui explique les mouvements *apparents* du soleil et ses effets sur la terre; et celle de *Ptolémée*, qui présente la terre au centre, et les cercles de l'univers à l'entour; cette dernière s'appelle *armillaire*.

237. — Un *globe artificiel* est appelé *terrestre*, lorsqu'il représente la terre ou l'une de ses parties; *céleste*, lorsqu'il représente la voûte céleste ainsi que les diverses positions des astres.

238. — Une *carte géographique* est un dessin plane qui représente la terre ou l'une de ses parties. Une *carte planisphère* ou *mappemonde* représente chacun des deux hémisphères. Une *carte* est appelée *générale* ou *locale*. Ces définitions sont relatives. Cependant on nomme généralement *khorographiques*, les

cartes qui n'embrassent que l'une des divisions d'un pays. Si la carte entre dans beaucoup de détails, on l'appelle *topographique*, et *cadastrale*, si elle va jusqu'à tracer les limites des propriétés. On l'appelle *nautique* ou *hydrographique* lorsqu'elle fait spécialement la topographie des mers et des côtes. Ce dernier genre de cartes offre encore d'autres particularités, dites *projections*, ou moyens employés pour retracer une surface sphérique sur une surface plane. Un *Atlas* est un recueil de plusieurs cartes.

239. — On donne habituellement aux cartes la forme d'un carré rectangle. Le nord est en haut, le sud en bas, l'est à droite et l'ouest à gauche. (§ 71, et 116 et suivants.)

240. — La latitude est marquée sur les lignes marginales occidentale et orientale; la longitude sur les lignes marginales septentrionale et méridionale. Les cercles parallèles et les méridiens se croisent dans l'intérieur de la carte.

241. — Chaque pays a ses mesures de distance, indépendamment de la mensuration générale par latitude et longitude. On les appelle *mesures itinéraires*. Mais le jour n'est plus éloigné, peut-être, que tous les peuples civilisés feront usage de la mesure unique, dite *décimale*, et *ayant seule une base fixe et invariable pour mesurer l'étendue* — inappréciable bienfait dû encore une fois à l'astronomie, — laquelle base est la *dixmillionnième* partie d'un quart de méridien terrestre (*a*).

(*a*) L'*eau distillée* est l'*unité de mesure* pour les *liquides*.

242. — Sur chaque carte se trouve ordinairement une *échelle* ou *ligne graduée*, dont les degrés représentent les distances, soit en lieues du pays, soit en mètres. Mais pour donner une *idée exacte* des mesures itinéraires des différents pays, on a l'habitude de déterminer leur valeur en les réduisant à un degré du méridien (*a*), lequel est de 25 lieues de 4,444 mètres chacune. Le kilomètre fait 1,000 mètres. L'habitude se prend aujourd'hui de donner cinq kilomètres à une lieue.

(*a*) Nous n'hésiterons pas de faire remarquer de nouveau à l'élève qu'il est impossible de faire un pas dans la géographie sans devoir recourir aux notions astronomiques.

DES CINQ PARTIES DU GLOBE TERRESTRE.

—

243. — L'*Europe* est la plus petite des quatre parties situées sur le côté oriental du globe terrestre; elle occupe, en grande partie, les zônes tempérées de l'hémisphère boréal. L'Europe est entièrement habitée, bien qu'elle s'étende au-delà du cercle polaire arctique.

244. — L'*Afrique* est presque entièrement située dans les zônes torrides. On en connaît fort peu l'intérieur. Elle est séparée de l'ouest de l'Asie par une langue étroite de terre qu'on appelle *Isthme de Suez*, lequel constitue une barrière infranchissable pour les moyens de transport ordinaires, entre les mers d'Europe et celles d'Asie, et nous force de circonscrire toute l'Afrique (ce qui s'appelle *doubler le cap de Bonne-Espérance*) pour arriver dans la *Mer des Indes*, voyage long et dangereux, dont la raison première ne tardera pas de disparaître par le *percement* de l'Isthme de Suez, et un immense canal (bras de mer) de communication entre les mers d'Europe et les mers d'Asie. (Voir *tableau*, fig. C.)

245. — L'*Asie*, plus vaste que les deux précédentes réunies, s'étend des zônes torrides aux zônes glaciales. Elle est extrêmement peuplée; sa popula-

tion fait la moitié de la masse des habitants de la terre.

246. — L'*Océanie* est la réunion des nombreuses îles qui sont éparses dans le Grand-Océan à l'extrémité méridionale de l'Asie, et qu'on ne pouvait particulièrement attribuer, pour en faire partie, à aucune des divisions précédentes. L'une de ces îles est aussi vaste que l'Europe; elle s'appelait autrefois *Nouvelle Hollande*, et aujourd'hui *Australie*.

247. — L'Amérique n'a été découverte qu'à la fin du xve siècle. C'est un vaste continent occupant à lui seul avec des mers immenses toute la moitié occidentale du globe terrestre (voir *tableau*, fig. D). Le continent américain est divisé en deux moitiés presque égales, l'une appelée *Amérique septentrionale* (actuellement *États-Unis — nord* et *sud*), et l'autre *Amérique méridionale* (la *Colombie*, le *Pérou*, le *Brésil*, le *Chili*, le *Paraguay*, etc., etc.). L'Amérique septentrionale et l'Amérique méridionale sont réunies par une langue étroite de terre, appelée *Isthme de Panama*. Les deux extrémités du continent américain touchent chacune respectivement aux régions polaires, et sont, par conséquent, l'une et l'autre plongées au milieu des mers glaciales. Vers le cercle polaire arctique, un espace de mer peu considérable, appelé *détroit de Behring*, sépare l'Amérique septentrionale de l'Asie.

248. — Tout l'espace du globe terrestre compris entre les deux cercles polaires a déjà été minutieusement exploré. Il n'est pas probable qu'il y reste encore des régions *totalement* inconnues. Il n'en est

pas de même des *régions polaires*. Différentes nations ont essayé de tourner autour des pôles. Les glaces flottantes ont jusqu'ici arrêté de chaque côté les plus hardis navigateurs. Au pôle nord on est arrivé jusqu'à 82° 30 de latitude, tandis qu'au pôle sud on n'a pas encore été au-delà du 71e degré.

249. — L'hémisphère boréal est beaucoup plus habité et plus habitable que l'autre hémisphère; il est habité jusqu'au-delà du cercle polaire arctique. Il s'en faut de beaucoup qu'il en soit de même dans l'hémisphère austral. Au-delà du 40e degré de latitude, on ne rencontre presque plus de terres habitées. Ce ne sont plus que d'immenses étendues de marais et de mers glaciales.

DES RACES D'HOMMES.

250. — La *population* du globe terrestre s'élève à près d'*un milliard* (1,000,000,000) d'habitants. On les divise en *races* ou distinctions établies d'après certaines modifications extérieures du type primitif, amenées par l'influence des climats.

Il y a *trois races principales :* 1° la *blanche* ou *caucasique;* 2° la *jaune* ou *mongolique* , et 3° la *noire* ou *éthiopienne*.

La race *blanche* habite particulièrement l'Europe, le nord de l'Afrique et l'Asie occidentale; on la rencontre cependant un peu partout. C'est la race des peuples civilisés.

La race *jaune* habite plus particulièrement la partie orientale de l'Asie; elle est également pourvue d'une haute intelligence, mais moins cependant que la race blanche.

La race *noire* se rencontre exclusivement en Afrique et dans une partie de l'Océanie. Teint noir d'ébène, nez camus, cheveux crépus et laineux, lèvres gonflées, joues saillantes, dents blanc de neige : tels sont les signes caractéristiques de cette race, la moins intelligente des trois.

Le *mélange* des trois races principales a donné naissance à trois demi-races ; la *malaise,* la *polynésienne* et l'*américaine*, et les trois demi-races sont à leur tour subdivisées en une multitude d'autres.

DU FLUX ET DU REFLUX DE LA MER.

251. — Par le mouvement de rotation du globe terrestre, le méridien passe deux fois par jour devant la lune. Au moment de ce passage, ou peu de temps après, les eaux de l'Océan commencent à s'élever et montent pendant six heures sur nos rivages; elles redescendent ensuite, pendant six autres heures, jusqu'à leur point de départ. Elles arrivent à celui-ci au moment où le méridien, de l'autre côté de l'hémisphère, est devant la lune ou peu s'en faut, et les eaux recommencent à exécuter le même mouvement d'ascension et de descente, appelé *flux* et *reflux* de la mer ou marées. On observe donc deux fois par jour la *haute mer* et la *basse mer*, mais l'heure en varie chaque jour, car il y a un peu plus ou un peu moins de 49 minutes de retard, parce que chaque jour la lune avance elle-même dans son orbite, et, par conséquent, le méridien doit mettre un peu plus de temps à passer devant elle.

252. — Jusqu'en ces derniers temps, on n'attribuait pas les marées à d'autres causes qu'à l'influence de la lune; on était d'autant plus porté à y croire, qu'outre la coïncidence entre les marées et les mouvements de la lune, on avait constaté que les plus fortes marées ont lieu aux nouvelles et aux

pleines lunes, et ce phénomène est encore plus marquant lorsqu'à cette époque la lune est à son périgée. Il est seulement à remarquer que l'influence lunaire ne se fait jamais sentir que plus ou moins de temps après.

On attribue aujourd'hui les marées aux mêmes lois de gravitation que celles qui régissent le globe terrestre, et l'attraction qu'exerce la lune est considérée comme l'une des causes principales.

Il est d'autres causes encore qui influent sur les marées; le soleil occupe le premier rang parmi elles. C'est ainsi qu'on explique la hauteur excessive de la marée à chaque équinoxe.

Dans quelques petites mers, la marée est à peine remarquée, l'attraction y étant moins sensible que sur les grandes surfaces.

253. — C'est peut-être le cas de dire ici que des recherches multipliées et faites avec le plus grand soin, ont démontré à toute évidence que la lune n'exerce aucune influence sur *le temps* (c'est-à-dire sur la pluie, le brouillard, la gelée, etc.). Ce qu'on appelle *lune rousse*, est un de ces mille préjugés enfantés par l'ignorance. La destruction des bourgeons, pendant les mois de mars et d'avril, n'est pas le fait de la lune, mais bel et bien un effet de l'absorption et du rayonnement du calorique, lequel a lieu à toutes les phases de la lune.

DES MÉTÉORES.

---

254. — On appelle *méteore*, un point *lumineux* qui apparaît plus ou moins subitement dans l'atmosphère et disparaît de même. Voici les principaux.

Lorsque le temps est clair, il se forme un grand anneau lumineux autour de la lune, variant de couleur et qu'on appelle *hâlo* ou *couronne.*

Quand les nuages sont convenablement disposés, le disque lunaire est réfléchi, et on voit apparaître autour ou à côté de la lune d'autres lunes qu'on appelle *parasélènes.*

Pour les mêmes motifs, il peut y avoir tout à la fois *réfraction* et *réflexion* de la lumière lunaire et se former un *arc-en-ciel nocturne*, mais les couleurs en sont nécessairement beaucoup moins vives, que lorsque ce phénomène a lieu sous l'influence du soleil.

Les *étoiles filantes* ne sont autre chose qu'un globe lumineux, appelé *bolide*, qu'on voit subitement apparaître dans l'espace à une vingtaine de lieues environ de hauteur dans l'atmosphère, et qu'il parcourt avec une vitesse égale à celle du globe terrestre sur son orbite. Ce phénomène produit l'effet d'une étoile qui se détache de la voûte céleste et se précipite dans l'espace. Mais ce globe lumineux n'accomplit pas une course indéfinie : ou bien il tombe sur la surface de la terre par le fait de sa pesanteur; ou bien il arrive un moment où il éclate et se brise, et une grêle de pierres, appelées *aérolithes*, se précipitent alors sur la surface du globe terrestre en obéissant également aux lois de la pesanteur.

Ce phénomène d'étoile filante est très-fréquent; on l'observe à toutes les époques de l'année, dans toutes les régions du globe terrestre, et en toutes directions. Il en est même dont le retour est périodique et régulier (dans la nuit du 10 au 11 août, et dans celle du 12 au 13 novembre).

Les astronomes sont portés à croire que les étoiles filantes et les aérolithes, soit qu'on les confonde, soit qu'on les distingue, sont lancés sur la terre par des éruptions de *volcans lunaires*.

DE L'AURORE BORÉALE.

—

255. — Dans notre hémisphère, au-dessus du pôle, un peu à l'ouest, apparaît, vers minuit, le plus souvent en hiver, mais également vers l'équinoxe de printemps, une lumière éclatante, qui s'étend successivement de nuage en nuage jusqu'à notre zénith. C'est l'*aurore boréale,* également appelée *lumière septentrionale.*

Le même phénomène se présente dans l'autre hémisphère; il prend alors le nom d'*aurore australe.*

Les anciens les appelaient *torches ardentes;* elles firent le sujet d'idées superstitieuses et donnèrent naissance à de nombreux préjugés.

L'une des conditions principales pour la production de ce phénomène, est un ciel clair. La clarté de la lune en pâlit considérablement.

Cette lumière ne se présente pas toujours dans les mêmes conditions; elle varie beaucoup d'intensité et de couleur : tantôt c'est une lueur qui ressemble à l'aube du jour; tantôt ce sont des nuées lumineuses; d'autres fois c'est un nuage obscur entouré d'un cercle lumineux; ce sont souvent des jets brillants, des colonnes resplendissantes, ou bien des couronnes blanches, bleues, rougeâtres ou purpurines.

Cette lumière est due, selon toutes probabilités, à un effet magnétique du globe terrestre. On est fondé à admettre cette raison, parce que chaque fois que ce phénomène se produit, l'aiguille de la boussole éprouve des oscillations et des déviations qui ressemblent à de violentes secousses.

On aperçoit rarement une aurore boréale dans nos contrées ; par contre, il y en a très-fréquemment dans les régions boréales, où elles combattent la longueur et l'obscurité des nuits.

DES AÉROLITHES.

256. — Une *aérolithe* est, à proprement parler, la chute d'une pierre de la voûte céleste sur la terre. On a longtemps nié ce phénomène. Ce n'est que depuis 1803, à la suite d'une effroyable pluie de pierres qui eut lieu à l'Aigle, en Normandie, qu'on y a cru réellement, et qu'on se l'est expliqué ainsi que nous l'avons décrit dans l'avant-dernier chapitre. On a fait ensuite le relevé de tous les cas de ce genre que, jusqu'alors, on avait obstinément taxés d'imposture, et il s'est trouvé qu'on en a compté jusqu'à 260 exemples plus ou moins authentiques. *Anaxagore*, philosophe grec, ayant été témoin de la chute d'une grosse aérolithe, soutint depuis lors que le ciel était construit en pierres.

DE LA PLUIE.

---

257. — La fécondité de la terre est principalement due à une alternative de sécheresse et d'humidité, autrement dit de chaleur et de pluie.

Toutes les eaux qui couvrent la surface du globe terrestre, sont soumises à une évaporation lente par l'action des rayons solaires. Nous savons qu'à mesure que nous nous éloignons de la terre, la couche d'air atmosphérique se refroidit; de là résulte qu'à mesure aussi que les vapeurs aqueuses s'élèvent dans l'atmosphère, elles se refroidissent, puis se condensent en *nuages*, et finissent par retomber de leur propre poids sur la surface de la terre sous forme de *pluie*.

L'appareil pour la fabrication d'*eau distillée* représente exactement ce phénomène. L'eau, mise sur le feu, entre en ébullition. Un long tuyau, tourné en spirale et appelé *serpentin*, recueille la *vapeur* d'eau. A mesure que la vapeur s'avance dans le serpentin, elle se refroidit, et en se refroidissant, elle se condense, retourne à sa forme *liquide* première, et s'écoule goutte à goutte à l'autre extrémité du serpentin. L'eau, ainsi recueillie, s'appelle *eau distillée*, et l'opération est faite en vue d'avoir de l'eau pure. Lorsque l'eau est stagnante ou simplement exposée à l'air atmosphérique, il s'y précipite une infinité de molécules de substances étrangères qui s'y dissolvent ou bien y restent suspendues. Or, par l'action de l'ébullition, l'eau *seule* se convertit en vapeur, et les matières étrangères demeurent dans le vase placé sur le feu. C'est pour ce même motif que les *eaux pluviales* sont plus *pures* que les eaux de nos pompes, et dissolvent mieux le savon, etc., etc.

258. — Mais l'eau qui tombe sur la surface du globe terrestre n'est pas toute épuisée pour féconder les terres, en les humidifiant, ou par les habitants pour leurs usages personnels. Énormément s'en faut même. Le superflu filtre dans le sein du globe terrestre en vertu des lois de la pesanteur. Or la masse terrestre (la substance qui compose le globe terrestre), est composée de diverses couches, les unes *perméables* (se laissant traverser par les eaux), les autres *imperméables*. Les eaux pluviales finissent par rencontrer une couche imperméable, et aussitôt elles s'y amassent. Mais l'eau cherche toujours son niveau; à la moindre pente elle s'y glisse, et s'y précipite même si elle a été contenue, et ainsi de pente en pente elle revient de nouveau à la surface du globe terrestre, sous forme de *ruisseau*, de *sources;* bref, les eaux pluviales deviennent l'origine des ruisseaux, rivières et fleuves, et retournent finalement à la *mer* d'où elles sont sorties sous forme de *vapeur*. C'est l'équilibre universel, c'est l'une des grandes et immuables lois de la création.

259. — La moyenne de la quantité d'eau qui

tombe dans un pays dans l'espace d'une année varie très-peu, si on établit un calcul d'après un certain nombre d'années. A Paris, en 130 années, on a compté que la somme d'eau tombée pendant le plus grand nombre d'années, a été en moyenne de 56 centimètres de hauteur par an. Plus on s'approche de l'équateur, plus est considérable la quantité d'eau qui tombe en une année. C'est l'inverse lorsqu'on se rapproche des pôles. A Saint-Pétersbourg la moyenne est de 46 centimètres par an; à Paris 56, à Milan 96, et à Calcutta 205. Cela s'explique naturellement par la force d'évaporation plus grande à l'équateur que vers les pôles. En outre, les influences locales (voisinage de la mer, présence de grandes forêts, d'immenses espaces sablonneux, etc., etc.), sont très-grandes sur le plus ou moins de pluie dans une localité.

Voici le procédé qu'on emploie pour mesurer la hauteur de l'eau tombée. On laisse pleuvoir, pendant un temps donné, dans un vase en forme d'entonnoir. On verse ensuite la somme d'eau recueillie dans un vase cylindrique, dont le diamètre est égal à celui du grand diamètre du vase en entonnoir. Le niveau que l'eau atteindra dans le second vase, donnera la mesure de la hauteur de l'eau tombée.

DES VENTS.

260. — Nous venons de voir qu'il y a un va et vient perpétuel des eaux qui couvrent la surface du globe terrestre. Cette action incessante d'évaporation et de condensation des eaux, leur élévation continuelle dans l'atmosphère, puis leur chute sur la terre, amènent un autre effet non moins important, à savoir une agitation incessante de la couche atmosphérique. Cette agitation est encore considérablement augmentée par l'action de la chaleur elle-même sur l'air atmosphérique. Par la chaleur, l'air se dilate, s'étend, occupe un plus grand espace ; on dit qu'il se *raréfie;* par le froid, au contraire, il se *condense*, et occupe un espace moindre. De ces deux phénomènes résulte la formation d'*espaces vides* (dépourvus d'air) dans la couche atmosphérique. Or, il en est de l'air comme des liquides : il cherche constamment son niveau ; il tend sans cesse à se mettre en équilibre. Ce retour sur lui-même ne se produit pas sans amener des secousses, des oscillations de la couche atmosphérique. Ce sont ces oscillations, ces secousses, qui produisent ce que nous appelons des *vents*.

Les vents sont donc, à proprement parler, des *courants* d'air qui se forment dans l'atmosphère. La rapidité et la force de ces courants est quelquefois prodigieuse. Le vent est *faible*, lorsqu'il ne fait que deux lieues à l'heure; *tempétueux*, lorsqu'il en fait dix-sept, et *ouragan*, lorsqu'il se précipite à raison de quarante-cinq lieues à l'heure.

Lorsque deux vents tempétueux, soufflant en sens opposé, se rencontrent, il se produit une *trombe*, sorte de colonne dont l'intérieur enlève tout ce qui se trouve au-devant de lui.

261. — La comparaison des vents à un cours d'eau peut recevoir une extension plus grande et en même temps pratique.

Supposons un petit ruisseau dont le courant soit presque insensible. Enlevons-lui subitement une grande quantité d'eau vers le milieu de son cours. Nous produisons là un grand vide. Toute la partie d'eau située au-dessus de ce vide, ce qu'on appelle en *amont*, va immédiatement se mettre en mouvement pour le remplir. Il se produira ici un double phénomène. L'impulsion, communiquée à l'eau, commencera en amont, bien haut peut-être, et, par conséquent, l'augmentation du courant sera déjà sensible fort loin de l'endroit où le vide a été fait. Le vide se remplira cependant successivement avec l'eau qui est le plus proche de lui; ce sera là aussi que se fera nécessairement sentir l'effet le plus violent du désordre que le vide aura provoqué, et cet effet ira en sens inverse du courant.

Cette image est littéralement applicable aux *vents*. Un vent soufflant *nord*, par exemple, aura des effets désastreux pour plusieurs villes situées sur son parcours, mais il aura frappé plusieurs heures plus tôt sur les villes qui sont plus rapprochées du sud. Ainsi, un *vent ouragan* du *nord* pourra frapper Paris quelques heures avant d'atteindre Bruxelles.

Ce dernier fait nous mène à dire que l'influence des vents sur la température est considérable. C'est l'une des principales causes *relatives* de froid ou de chaud (§ 179). Cette influence se manifeste en ce sens que les vents déversent sur une contrée les effets de celles d'où ils proviennent ou bien qu'ils ont simplement traversées. Ainsi, le *vent du nord* venant des mers glaciales nous apporte le *froid* en tous temps, et, en hiver, la *neige* et la *gelée*. Le vent d'*ouest*, venant de l'*Océan*, nous amène la *pluie;* celui de l'*est*, au contraire, chasse les nuages vers la mer, et nous ramène le *beau temps*. Le vent du *sud* nous donne tout à la fois de la *chaleur* et de l'*humidité*.

262. — De tout ce qui est dit dans le paragraphe précédent, aussi bien que de ce que nous avons dit déjà, au sujet des saisons, en d'autres paragraphes, on doit conclure de nouveau que le soleil est le dispensateur *général* de la température, d'où il résulte d'abord que, quoi qu'il arrive, on a l'hiver en hiver, et l'été en été ; mais la circulation de l'air par le fait des vents a une influence *relative* si directe sur la température particulière d'une contrée, que l'accessoire a presque autant d'effet que le principal. Malheureusement ce que nous connaissons jusqu'ici des vents, et ce que nous en connaîtrons peut-être jamais, est loin d'être très-satisfaisant, car les excep-

tions sont aussi fréquentes que les règles. Ainsi qu'un vent du nord traverse une localité où règne une grande chaleur, ce vent nous soufflera un air chaud et amènera un dégel en hiver. Le phénomène inverse peut se présenter par un vent du sud. En outre, un vent change de direction en rencontrant un obstacle puissant sur sa route : ainsi, un vent, primitivement nord, peut, en raison d'un obstacle qui l'a détourné, souffler sud, et *vice versâ*, de façon, en un mot, que rien n'est moins certain pour nous que le pronostic des temps à l'aide des vents.

263. — La *direction* du vent se détermine d'après sa course d'un point cardinal vers un autre. Il prend généralement le nom du point cardinal d'où il provient. Le vent du nord souffle du nord au sud, et celui du sud, du sud au nord, et ainsi pour les autres. Les *marins*, devant s'enquérir davantage de la direction des vents, ont subdivisé, dans ce but, la position relative des points cardinaux. Ils ont d'abord établi quatre grands *points collatéraux* qu'on a nommés *Nord-est*, *Nord-ouest*, *Sud-est* et *Sud-ouest*. Viennent ensuite huit autres points intermédiaires, à savoir : le *Nord-nord-est*, le *Nord un quart nord-est*, le *Nord un quart sud-ouest*, et ainsi de suite. Cette simple nomenclature démontre le principe, et c'est tout ce qu'il importe à l'élève de connaître ; le marin seul doit étudier les 32 *rumbs* ou *aires*, indiqués sur la *boussole*, autrement dit la *rose des vents*.

FIN.

TABLE DES MATIÈRES.

Pages.

FIN DE LA TABLE DES MATIÈRES.

TABLEAU SYNOPTIQUE DU SYSTÈME PLANÉTAIRE

Premiers Éléments de l'ASTRONOMIE et de la GÉOGRAPHIE, avec TABLEAU SYNOPTIQUE du Système Planétaire,

PAR C. CROMMELINCK, MÉDECIN.

1863.

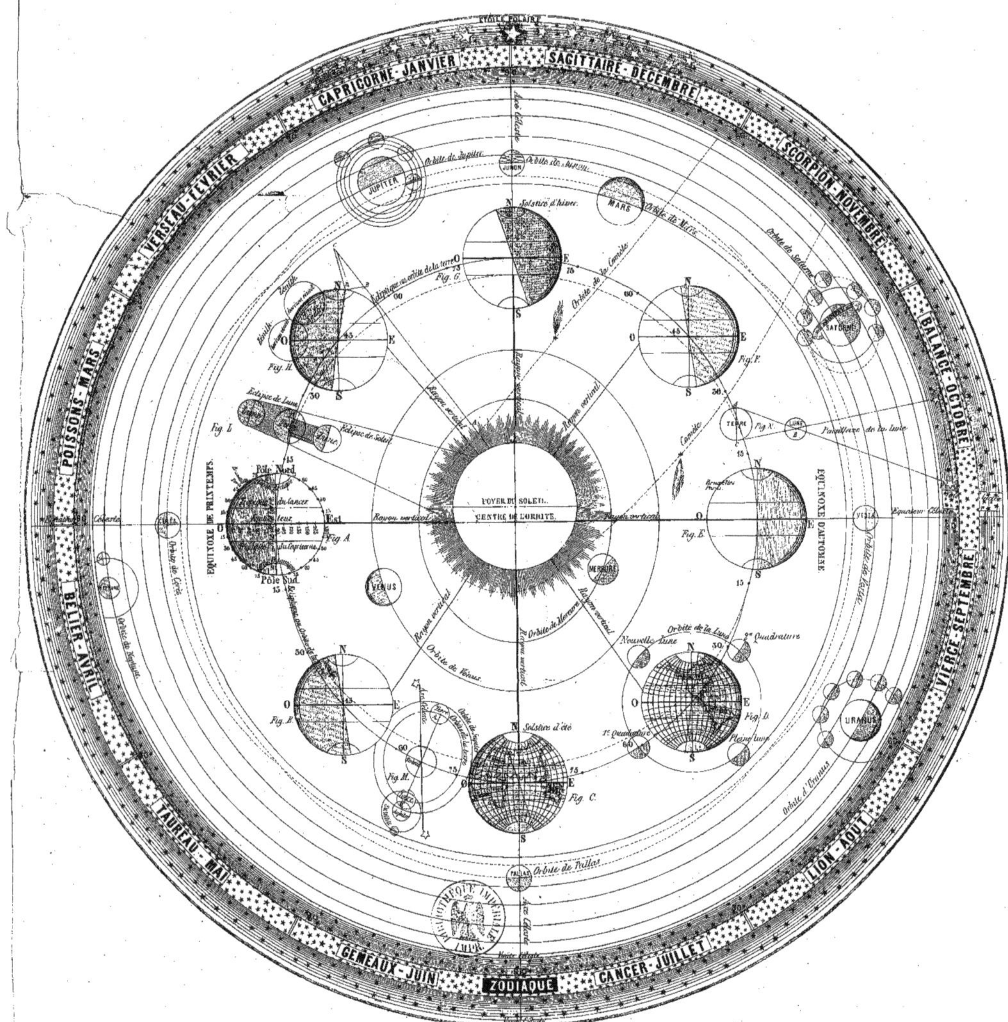

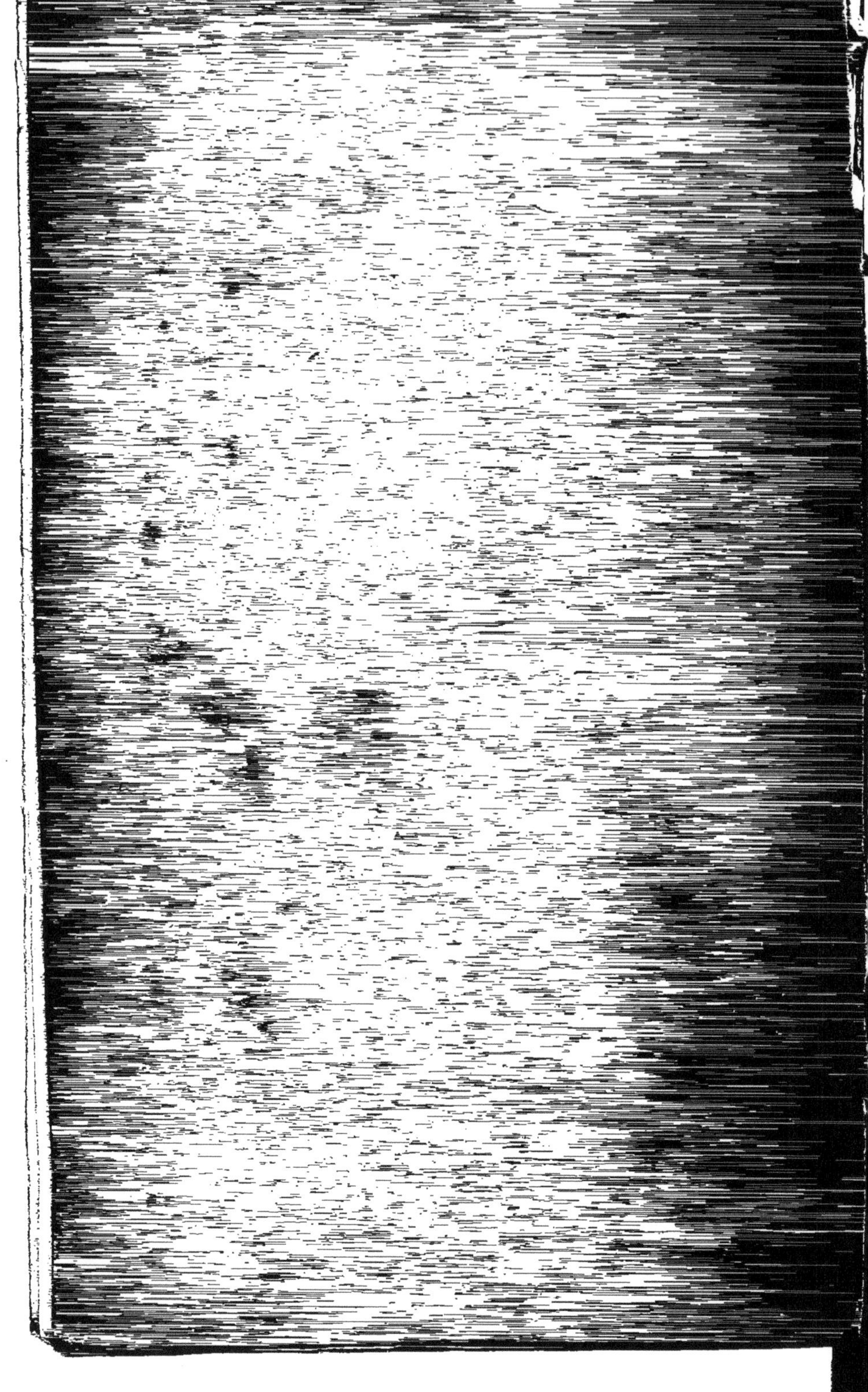

www.ingramcontent.com/pod-product-compliance
Ingram Content Group UK Ltd.
Pitfield, Milton Keynes, MK11 3LW, UK
UKHW020328230726
13925UKWH00002B/694